JN272997

木竹酢液ハンドブック
特性と利用の科学

谷田貝光克

海青社

炭材 原木林、原木など

クヌギ林(3月)

クヌギ原木

クヌギ原木でシイタケの露地栽培

コナラ原木でシイタケ栽培

カシ類原木

ミズナラ原木

ウバメガシ林とウバメガシ原木(手前右端)

白炭窯に詰め込む前のウバメガシ原木

さまざまな炭窯／白炭窯

◀備長炭を製造する白炭窯

▼炭化最終段階での白炭窯

◀炭窯後方の排煙口に煙突を設置して木酢液採取の準備

◀灼熱した白炭窯内部

▼灼熱した木炭を取りだす

さまざまな炭窯／黒炭窯

◀ 林立する黒炭窯と炭材

▼ 煙を空冷するために排煙口の先に取り付けられた長い煙突

◀ 黒炭窯は白炭窯に比べて天井が低い

◀ 排煙口から出てくる煙を集煙する

さまざまな炭窯／伏せ焼き炭化炉

◀穴を掘って炭材を詰めて製炭する

◀炭材を草や枝葉で被い、さらにその上をトタン、土で被って作る伏せ焼きの炭化炉

◀勢いよく出る煙 - 煙突で冷えた煙は凝縮して酢液となって滴り落ちる

▼うちわであおいで炭窯に着火

さまざまな炭窯／簡易型炭化炉（円形移動式炭化炉）

▲炭材を炭化炉の大きさに合わせて切断

◀炭化炉に炭材を隙間なく詰める

◀炭材に着火する

◀炭化炉のふたを被せて煙突から液体（木酢液）を採取する

海外での製炭事例／フィリピン、ドラム缶を利用した炭化炉

◀ドラム缶炭化炉を土で被い保温

◀炭材（コゴン）の詰め込み

▼炭材として使用する草本コゴン（チガヤ類）

◀煙突は節をくりぬいたタケ

▼バナナの葉は集煙に最適

海外での製炭事例／ベトナム①

フトモモ科早生樹メラルーカ

炭材としてのメラルーカ

地平線のかなたまで広がるメラルーカの林（ベトナム、メコンデルタ）

ベトナム式大型炭化炉（左下：炭化炉後方に付けられた煙突と木酢液採取装置）

海外での製炭事例／ベトナム②

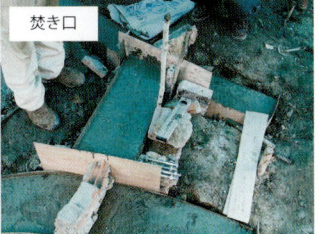

測量①

測量②

測量③

窯底作成

窯底部

水はけ部

焚き口

完成後

ベトナム・メコンデルタでの炭窯（岩手型改良窯）つくり。点火された炭窯の右側にあるのは炭窯の熱を利用した精油採取装置

海外での製炭事例／ブラジル、製鉄用木炭製造のための大型炭化炉

◀炭材に使われるユーカリ

▼ブラジルの炭材用ユーカリ植林地

◀▼林立する大型の炭化炉。木炭は製鉄所でコークス代わりに使われる

木酢液・木タール貯蔵タンク

排煙の冷却塔

海外での製炭事例／インドネシア、オイルパームの炭化

◀ オイルパーム（アブラヤシ）

▼ オイルパームの林

◀ オイルパーム殻の炭は土壌改良材として利用される

▼ オイルパームの殻の炭化炉

オイルパーム液の炭化で得られる木酢液

消臭用途に用いられる木酢液

海外での製炭事例／タンザニア、伝統の伏せ焼窯

炭材にする木を斧で伐採する

伐採した木を土の上に積み重ねる

炭窯の形に積まれた炭材

積んだ炭材の上を土と草で被う

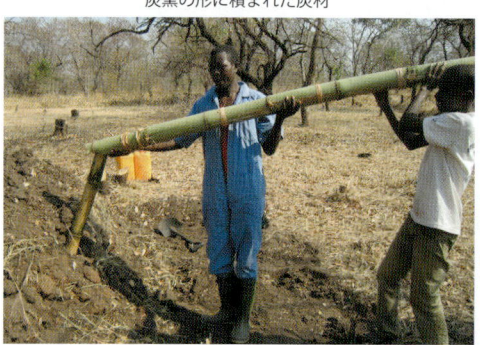

タケの節を抜いて、排煙口に接続し、煙突をつくる

紐に用いられる木の樹皮、腐りにくくシロアリにも強い

完成したタンザニア式伏せ焼窯と木酢液採取用煙突。煙突で空気冷却され凝縮した木酢液がバケツへ滴り落ちる

木酢液の精製、物性の測定

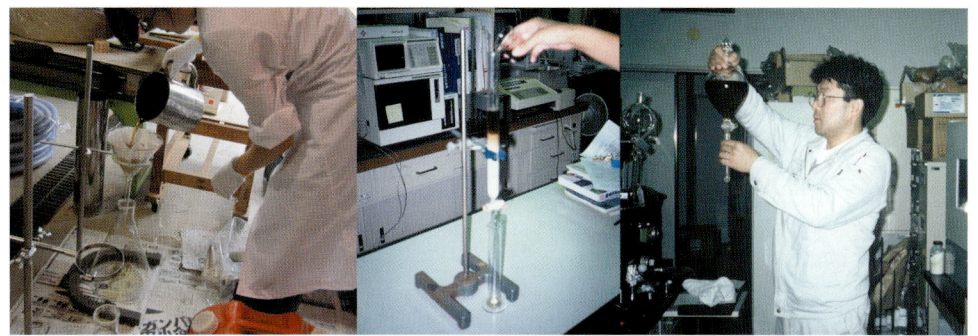

左から、ろ紙を用いたろ過、カラムを用いた分離、分液ロートを用いた分離精製

様々な分離精製用蒸留装置（左端は減圧型蒸留装置）

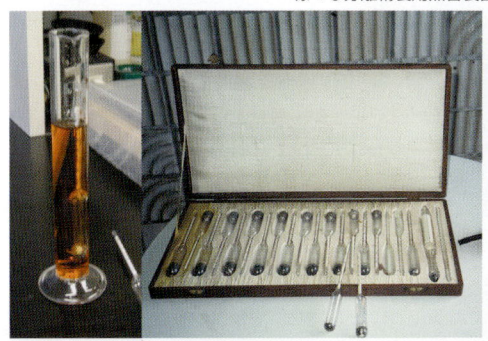

比重を測定する比重計

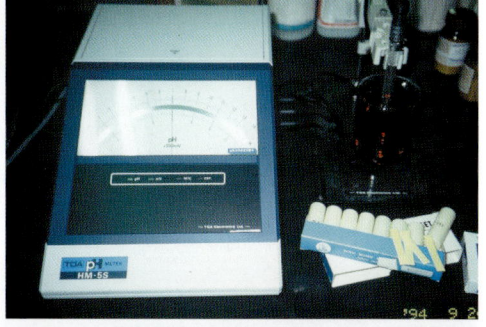

酸性の度合いを測定するpHメーター

木酢液の透明度を測定する透視計

木酢液を加熱して原液に対する残渣の割合を測定する

雑草生育試験の様子

木酢液を散布後、一定期間ごとに土壌を採取して、残留の様子を測定。散布後の雨を避けるために雨除けシートで試験区を被う

原液区

100倍希釈区

無処理区

▲散布1カ月後　　　　　　　　　　　　▲散布40日後

散布40日後、100倍希釈区では無処理区よりも雑草の生育がよく、原液区ではほとんど雑草が発生しない。高濃度では除草作用がある木酢液だが、低濃度では作物などの成長を促す作用があることがわかる

ケナフ生育試験の様子

針葉樹混合、マツ、ナラ、広葉樹混合の木酢液

木酢液の撒布

撒布後の畑

播種後7日目

◀播種後105日目。左：木酢液施用区、右：対照区。木酢液施用区の成長が対照区よりも1.5倍程度大きい

◀播種後133日目。開花。

市販される木酢液・竹酢液

農薬代替としての木酢液・竹酢液

◀様々な炭製品とともに店頭に並ぶ木酢液

▲木竹酢液認証協議会認証マーク。下部の空白部分に認証業者が認証番号を押印する

◀認証マークが貼り付けられ、市販される製品群

はじめに

　製炭時に排出される煙を煙突などで空気冷却し、凝縮させた液体が木酢液です。いぶくさいにおいとともに、つんと鼻を突く独特の刺激臭を持っている木酢液は、舌につけると食酢にも似た、きつい酸っぱさがあります。木の炭化によってできる酢、すなわち「木の酢」、それが木酢液の名前の由来ですが、実際にその主成分は、食酢の成分と同じ酢酸なのです。ただ、食酢と違い、木酢液は酢酸以外の多くの成分を含み、それが、木酢液の多様な作用を生みだし、古くから様々なことに利用されてきました。木酢液利用の歴史は古く、煙突から滴り落ちる液体が、炭窯近くの雑草に影響を与えることや、悪臭を消す働きがあることを経験的に知ることにより、その効能を知り、木酢液は使われ始めたと思われます。

　そのように、炭の利用とともに、身近に利用されていたと思われる木酢液ですが、70～20万年前の北京原人の洞窟から発見された、たき火の後の消し炭が歴史に残る最も古い木炭であるといわれ、また、わが国では愛媛県鹿野川の石灰岩の洞窟から約1万年前の木炭が見出されているのに対して、木酢液の利用についての古い記録は見当たりません。明治時代に入り、大鳥圭介がアメリカの木材乾溜工場についての調査報告書「木酢編」に紹介しているのが、おそらく、わが国で、記録に残る初めてのものでしょう。その後、明治20年代（1883～）に入り、本間誠次郎、安東角造らによって、木酢液の採取が有用であることが提言されています。この時代には木樽を使用した木酢液を採取するための簡易な仕組みも考案されています。

　さらに時代が進み、木酢液は防腐、酢酸鉄製造に利用され、また、酢酸石灰を原料とする酢酸、アセトンの製造にも利用されていました。これらの用途は、その後、合成品におされて衰退していきましたが、木酢液は、多成分で構成されているために、多様な働きをし、それゆえに、多くの研究者の関心の的となり、木酢液の成分や作用などの特性について研究が進められてきています。それらの研究成果は、研究者の熱意と努力が浸み込んでいるものであるにもかかわらず、狭い範囲でのみ知られ、世の中には広く知られていないのが事実です。

そこで、そのような貴重な研究成果がうずもれることなく、記録として残され、木酢液をより効率よく使用するための指針として利用されることを願いつつ、本書をまとめるに至りました。

　近年、木酢液が作物栽培に有効であることを、写真や図などを入れてわかりやすく実例を示している雑誌、普及書などは多く見かけますが、経験的なものが多く、事例の紹介に終始し、科学的データを伴わないものが多いのも事実です。科学的確認がなされていない実証例では、その時は良好な結果を得ても、時を変えれば再現性に乏しい結果になることも少なくありません。

　本書では、科学的データに基づいた実証例をご紹介することにより、木酢液が適切に使用され、より効率のよい利用につながることを願っています。

　この書が、木酢液を採取、製品化、販売する人たちの手助けとなり、木酢液の消費量が増え、その利益が山に還元できれば、疲弊したわが国の山が元気を取り戻すことにもつながることでしょう。天然の化成品である木酢液の利用は、再生可能な森林資源の有効利用であり、地球環境を持続的に健全に保つことにもなります。

　なお、木酢液と同様、竹酢液（ちくさくえき）も多様な生理活性を有し、利活用されています。木酢液と竹酢液は詳細にみれば多少の成分組成、生理活性の差もありますが、大きな差があるものではありません。したがいまして、本書では文の流れ上「木酢液」を使用していますが、「木酢液」を「竹酢液」に置き換えてご理解いただいてもおおよそ差し支えないことを申し添えます。

　本書の執筆を終えるに当たり、木酢液の利用、普及の団体である日本木酢液協会の設立にご尽力なさった故・岩垂壮一氏、木炭・木酢液の研究に一生を捧げ、木酢液が天然の化成品であり、利用価値の高いことを世に知らせてくれた故・岸本定吉先生に、遅ればせながら、ここまでたどり着けたことをご報告すると共に、木酢液の利活用の道を開いてくださいましたご両名に、心から感謝の意を表し、この書をお贈りいたします。

　本書の出版に際しましては出版を快くご了承くださり、編集その他で、たいへんお世話になりました海青社宮内久社長に心から御礼申し上げます。

2013年5月
谷田貝光克

木竹酢液ハンドブック
特性と利用の科学

目　次

目次

はじめに 1

1 採取・精製法と構成成分 7
    1-1 採取法 8
    1-2 粗木酢液 10
    1-3 木酢液の精製法 11
    1-4 炭化条件が左右する木酢液収量とその成分 14
    1-5 木酢液構成成分 18

2 抗菌・抗ウィルス作用 21
    2-1 もみ酢液の抗菌活性 22
    2-2 白紋羽病に対する木酢液の抗菌作用 24
    2-3 核多角体病に対する抗菌作用 27
    2-4 コウジカビ病発病抑制 29
    2-5 立枯病菌に対する作用 30
    2-6 イネモミ枯細菌病に対する作用 32
    2-7 レジオネラ菌に対する作用 33
    2-8 水カビに対する作用 34
    2-9 土壌消毒に効果を発揮する木酢液 35
    2-10 萎縮病 37
    2-11 リンゴ絞りかすからの酢液の抗菌作用 39
    2-12 竹酢液による水の浄化 43

3 不朽菌やキノコに対する作用 45
    3-1 木材不朽菌に対する作用 46
    3-2 食用キノコに対する作用 49
    3-3 シイタケ栽培に効果的な木酢液 55

4 植物の成長に影響を及ぼす木酢液 59
    4-1 シバに対する作用 60

	4-2 イネの生育に有効な木酢液	63
	4-3 サツマイモへの効果	70
	4-4 サトウキビへの効果	72
	4-5 野菜・果樹類への効果	73
	4-6 ケナフへの効果	81
	4-7 木酢液散布の適量	83
5	土壌環境改善に役立つ木酢液	85
	5-1 作物の肥料吸収を促進させる	86
	5-2 土壌微生物の繁殖をコントロールする	89
6	昆虫、動物に対する作用	91
	6-1 殺蟻活性	92
	6-2 カメムシを抑える	95
	6-3 木酢液によるクリシギゾウムシの防除	97
	6-4 ハエ、ナメクジに対する作用	98
	6-5 木酢液で野ネズミの食害を防ぐ	102
	6-6 ムースの害を防ぐ	105
7	家畜飼料添加剤としての木酢液	107
	7-1 ニワトリ飼料への添加	108
	7-2 豚の飼料への添加	110
	7-3 ニワトリのサルモネラ感染防止	112
8	食品病原菌に対する作用	115
	8-1 燻製品の腐敗を防ぐ	116
	8-2 液体燻製法	119
9	消臭作用	121
	9-1 悪臭と消臭	122

9-2　し尿の消臭 125
　　9-3　家畜糞尿の消臭 128
　　9-4　瓦礫の消臭 136

10　木酢液の安全性 137
　　10-1　排煙の温度と成分 138
　　10-2　ホルムアルデヒド濃度 140
　　10-3　木酢液散布後の挙動 143
　　10-4　木酢液成分の経時変化 148

11　木竹酢液の規格と認証制度 151
　　11-1　木・竹酢液は有機農産物栽培の土壌改良資材 152
　　11-2　木竹酢液の規格［資料／木酢液・竹酢液の規格］ ... 153
　　11-3　木竹酢液の認証制度 159

文献 161

索引および用語解説 167

採取・精製法と構成成分

1-1 採取法 8
1-2 粗木酢液 10
1-3 木酢液の精製法 11
1-4 炭化条件が左右する木酢液収量とその成分 14
1-5 木酢液構成成分 18

1-1 採取法

　木材などの木質系材料を炭窯で炭化するときに排出する煙を凝縮して液体にしたものが木酢液である。タケの場合も同様にして竹酢液が得られる。通常は炭窯の焚口と反対側に煙突をつけ、煙が煙突を通る際に周囲の空気で冷やされて凝縮・液化したものを採取する(**図1**)。煙突による空気冷却である。この方式がごく一般的に行われる木酢液採取法であり、効率よく排煙を凝縮し、収率を上げようとすれば、煙突の長さを長くすればよい(**写真1**)。煙突による空気冷却が木酢液採取の一般的な方法であるが、さらに効率よく木酢液を採取するには煙突の周囲を水冷して排煙の凝縮を行うこともある。

　炭化法には大きく分けて2通りある。一つは炭窯を用いた方法である。この場合には炭窯内に炭材を詰め込み、焚口で炭材に着火して炭窯への空気流入を極端に抑えて、窯内の炭材を蒸し焼き状態にして炭化していく自燃法である。

写真1　炭窯(上)とその後ろ側の木酢液採取用の長い煙突(下)

もう一つは、炉の中に炭材を充填し、炉外からの過熱で炭化していく外熱法である。いずれの場合も炭材の炭化に伴って煙が出てくるので、それを凝縮すれば木酢液を得ることができる。近年、バイオマスの有効利用に対する世の中の関心が高まる中で、木質系廃材などを焼却処分するのではなくて、原料として用いる傾向が強くなっている。そのような中で廃材も炭材として積極的に利用されるようになってきている。その一つの現れが炭材の種類の多様化である。木炭の主な用途が燃料であった一昔前までは、代表的な炭材と言えば、コナラ、クヌギ、ウバメガシといった燃料として良質の炭を作ることができる雑木（ぞうき）と呼ばれる広葉樹が主体であった。バイオマスの利用が進む中で、近年では炭材の種類が幅ひろくなっている。例えば、スギ・ヒノキ等の間伐材、建築解体材、おが粉・製材端材などの林産廃棄物、マツ枯損木、ダム流木、などである。直径の比較的小さな丸太、あるいは大径の場合にはそれを割って、同じ長さに切りそろえて炭窯に詰めるわが国古来の黒炭窯（くろずみがま）や白炭窯（しろずみがま）では対応できない多様な形状を持つ炭材に対応すべく、炭窯の種類も多様化してきた。さまざまな形をした簡易炭化炉も市場に多く出回っている（**写真2**、**写真3**）。しかしながら、いずれでも煙突をつければ木酢液を採取できる場合がほとんどである。

　このことは大型の炭化炉で外熱によって炭化するときでも同じである。

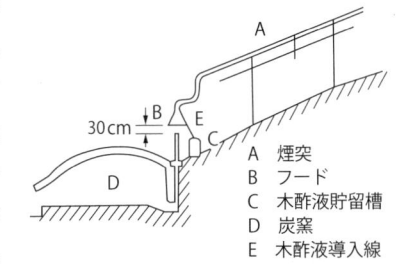

図1　炭窯の一例

A　煙突
B　フード
C　木酢液貯留槽
D　炭窯
E　木酢液導入線

写真2　円形組立式炭化炉

写真3　簡易炭化炉の例
（移動式炭化炉　背面に煙突がある）

1-2　粗木酢液

　炭窯の煙が冷却されて凝縮した液体は3層に分かれる（図2）。最下層に沈んでくる粘ちょう性の黒ずんだ液体は木タールである。最下層に沈んでいるので沈降タールという。最上層には薄い油の膜ができる、これは軽質油である。その中間の黄色ないしは赤褐色の液体が木酢液である。精製過程を経ていないこの木酢液を粗木酢液と呼んでいる。軽質油の量は、木酢液に比べればほんのわずかで、木酢液の上にわずかに識別できる程度に浮いている。ここで得られる木酢液は、しばらく置いておくと浮遊物が現れ、容器の壁にも付着物が現れてくる。タールと木酢液は2層には分かれているものの、沈降タールの一部が木酢液に溶けているためであり、そのタール成分や木酢液中の不安定成分が酸化・重合などを起こして沈殿するためである。この木酢液中に溶けているタールは沈降タールと区別して溶解タールという。溶解タールも沈降タールも成分的には類似のものと考えられる。

　粗木酢液は日が経過するにつれて、前述のように溶液中に浮遊物が出現してくるようになる。そして、容器の器壁にピッチ（樹脂）などの固形物が付着して、粗木酢液は次第に暗赤褐色になり、容器の底にはタールやピッチ分が沈殿してくる。木酢液は通常200種類ほどの化合物を含んでいて、その中には光や酸素に不安定な成分や、化学反応に敏感な成分もあり、それらが酸化、分解、重合などの反応を起こし、不溶化するためである。このような不安定成分を取り去るためにも使用に先立って精製が必要となってくる。木酢液の精製法には静置法、ろ過法、蒸留法、分配法などがある。

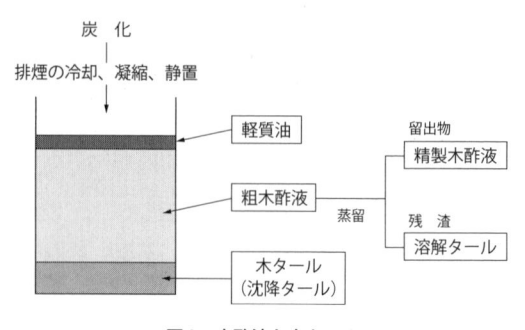

図2　木酢液と木タール

1-3　木酢液の精製法

　静置法は、粗木酢液を容器に入れて冷暗所に数カ月、静かに放置する方法である。後述する木竹酢液認証協議会の規格では3カ月（90日）以上、静置することを義務づけている。静置することで、不安定成分は酸化、重合等を起こし、器壁についたり、沈殿したりする。使用に際しては容器内の澄んだ液体部分を採りだして使用する。採りだした部分をさらに静置し、これを繰り返せば一層安定な木酢液を得ることができる。木酢液は酸性が強いので静置に使用する容器は酸腐食に耐えうる素材でなければならない。ポリタンク、ガラス容器、ほうろうびき容器、木製の容器などが静置には適している。静置法は時間がかかるのが欠点だが、置いておくだけで精製できるので、安価で、特に技術も要しない簡単な精製法である。

　ろ過法には、ロートとろ紙を用いたろ過や、吸着材をカラムに詰めたろ過法がある。ろ紙を用いた場合には木酢液表面の油分やピッチ成分が目詰まりを起こしやすく、ろ過速度が遅くなるので注意を要する。目詰まりを起こしたらろ紙の交換を行う必要がある。シュロや藁などを通してろ過することも古くは行われていた。浮遊物や油分を除去するには効果がある。

　吸着材でろ過すると脱色も同時に行われることがあるので都合がよい。しかし、吸着材を用いたろ過の場合には木酢液成分の一部が吸着され、回収率が低くなることと、木酢液中の有効成分が吸着されてしまう恐れがあるので、回収した木酢液の生理活性など、用いる目的に沿って、その特性を見極めていく必要がある。吸着材には活性炭、木炭、ゼオライト、シリカゲルなど一般的な吸着剤が用いられる。活性炭は吸着能が大きいので必要な成分まで吸着されないように使用量を加減するなどの注意が必要である。

　表1に各種吸着剤でろ過した時のアカマツ木酢液のpHの変化を示した。セライトの場合を除きいずれもアルカリ性側にpH値が動いていて、酸性成分が

表1　各種吸着剤で処理した木酢液のpH (Yatagai et al. 1988)

	原料木酢液	吸着剤					
		セライト	珪藻土	セルロース	クヌギ木炭	アカマツ木炭	活性炭
pH	2.58	2.56	2.74	2.66	3.25	2.95	2.59

注）原料木酢液：アカマツ木酢液。

吸着されていることがわかる。クヌギ木炭、アカマツ木炭の場合に特に移動幅が大きいのは、木炭自身がカリウムやカルシウムなどのアルカリ性の物質を含んでいて弱アルカリ性なので、ろ過によってそれらの成分が溶け出している可能性が考えられる。

　蒸留法は成分の沸点の差によって成分を分離・精製する方法である。混合成分の沸点の差が大きい場合には比較的容易に分離することが可能であるが、木酢液のように類似成分が多く、沸点の差が小さい混合物の場合には特定の物質を分離するのは難しい。ただし、高沸点部、低沸点部といった具合に大きなグループ分けで分離することは可能である。

　蒸留法には常圧蒸留、減圧下で行う減圧蒸留がある。常圧蒸留は装置の一部が解放されていて大気圧下で行う蒸留であり、木酢液の場合にはもっともよく行なわれている。操作は後述する減圧蒸留に比べれば容易で熟練を必要としない。木酢液の場合には60〜80℃付近で初留が現れる。この初留は、製炭時に木酢液が出始めた時に見られる淡黄緑色に近い色をしている。100℃付近で酢酸と酢酸に近い沸点を持つ成分、それに大量の水分が留出する。それがしばらく過ぎるとフェノール類を含む高沸点成分が留出する。最後に溶解タールやピッチ成分が残留物として残る。

　減圧蒸留法は蒸留装置全体を減圧状態にして蒸留する方法で、減圧にすることによって成分の蒸気圧が低下するので常圧の場合よりも低温で蒸留することができ、不安定成分を分離、精製するのに適している。減圧蒸留では減圧度、および粗木酢液を入れた容器の温度を調節することができるので目的成分の留出を促すことができる。しかし、その調節には熟練を要する。

　蒸留装置には分離効率をよくするために、蒸留塔部分に充填物を詰めたり、蒸留塔の中を回転するスピニングバンドを使用するものもある。

　分配法は液性を変えることによって酸性部、フェノール部、中性部、アルカリ性部等に分ける方法である。分離する目的成分によって多少の違いはあるが原理は同じである。**図3**はその一例である（栗山 1966）。ここでは液性を変えることによって中性成分、フェノール成分、カルボニル成分、酸性成分、塩基性成分の5画分に分けている。液性の調節によるこの分画法では木酢液の構成成分が、その画分に正確にわかれるわけではなく、同一のグループに属する分画物だけでなく、他の分画に属すべき成分が多少なりとも混入するのが普通である。例えば酸性部分に中性物質が混入したりといった具合に多少の混合は避

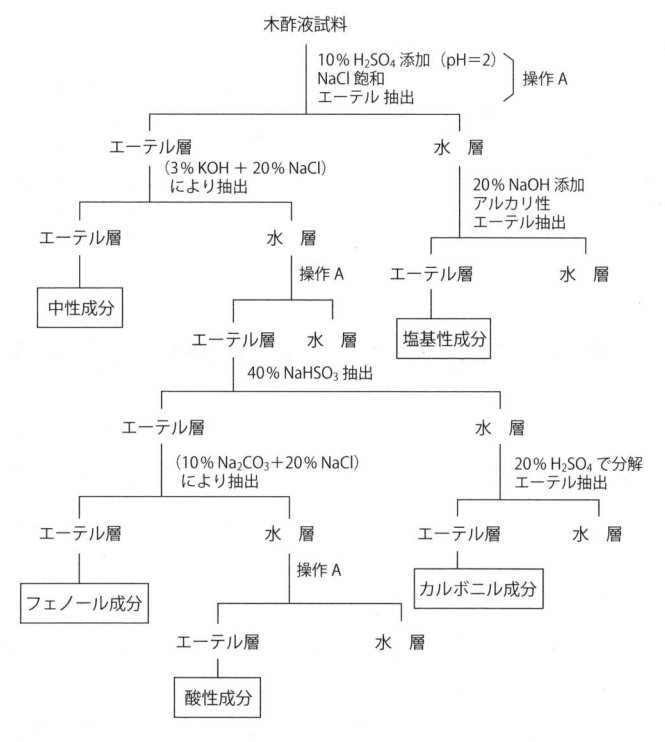

```
                        木酢液試料
                            │
                            │ 10% H₂SO₄ 添加（pH=2）
                            │ NaCl 飽和          ⎫ 操作A
                            │ エーテル抽出        ⎭
          ┌─────────────────┴─────────────────┐
       エーテル層                              水 層
   （3% KOH + 20% NaCl）                   20% NaOH 添加
       により抽出                           アルカリ性
          │                                エーテル抽出
   ┌──────┴──────┐                    ┌──────┴──────┐
エーテル層      水 層                エーテル層      水 層
   │          操作A                      │
 中性成分          │                  塩基性成分
          ┌───────┴───────┐
       エーテル層          水 層
          │ 40% NaHSO₃ 抽出
   ┌──────┴──────┐              ┌──────┴──────┐
エーテル層      水 層          エーテル層      水 層
   │  （10% Na₂CO₃+20% NaCl）        20% H₂SO₄ で分解
   │   により抽出                    エーテル抽出
   │          │                      │
   │                           ┌─────┴─────┐
   │                        エーテル層   水 層
   │                           │
フェノール成分                カルボニル成分
              ┌────┴────┐
           エーテル層  水 層
              │ 操作A
         ┌────┴────┐
      エーテル層  水 層
         │
       酸性成分
```

図3　木酢液の5分画法(栗山 1966)

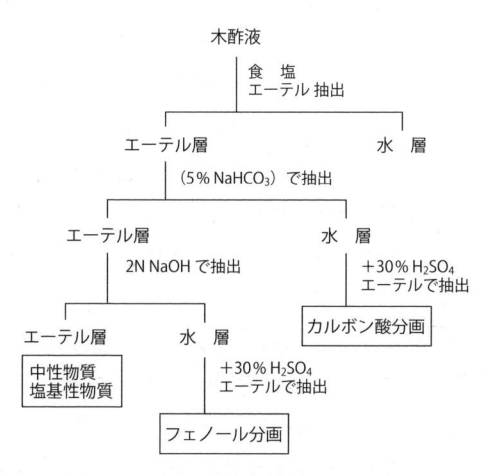

```
                    木酢液
                      │
                      │ 食 塩
                      │ エーテル抽出
              ┌───────┴───────┐
           エーテル層          水 層
              │ （5% NaHCO₃）で抽出
      ┌───────┴───────┐
   エーテル層          水 層
      │ 2N NaOH で抽出         +30% H₂SO₄
      │                        エーテルで抽出
  ┌───┴───┐                       │
エーテル層 水 層               カルボン酸分画
   │        │
 中性物質   +30% H₂SO₄
 塩基性物質 エーテルで抽出
            │
        フェノール分画
```

図4　木酢液の簡易分画法(栗山 1966)

けられない。

図4は**図3**を簡略化した方法である。食塩による塩析後にエーテルで抽出し、エーテル可溶部を5％炭酸水素ナトリウムで抽出して、酢酸などのカルボン酸画分を得て、エーテル層はさらに2N水酸化ナトリウムで抽出してエーテル層に中性物質、塩基性物質、水層にフェノール成分を得る方法である。

フェノール性成分だけをベンゼンで抽出して取り出す方法も考えられている（阿部・岸本 1959）。

1-4　炭化条件が左右する木酢液収量とその成分

空気の供給を制限して木材や竹を加熱していくと蒸し焼き状態で熱分解を受けて炭素に富んだ物質ができるが、これが言うまでもなく木炭や竹炭で、その時の煙を凝縮したものが木酢液、あるいは竹酢液である。木材は過熱していくと、160〜450℃で熱分解し、さらに260〜800℃で木炭化、600〜1,800℃で炭素化、1,600〜3,000℃で黒鉛化が起こる。製炭は黒炭窯でおよそ600〜800℃前後、白炭窯で600〜1,000前後で行うので、木炭化の温度範囲で木酢液は採取されることになる。

製炭時に出てくる煙は、気体生成物の木ガスと木酢液、それに木タールである。木ガスは一酸化炭素、二酸化炭素、メタン、水素、エチレンなどの炭化水素などである（三浦 1943: 226）。炭化温度によって気体生成物の組成は変化し、温度が高くなると一酸化炭素や、メタン、水素エチレンなどの可燃性気体が多くなる傾向にある（**表2**）。これらの気体は煙突での空気冷却では捕捉しきれず大気中に放出される。煙突の先に火を近づけると煙突の先でこれらのガスが炎となって燃えるのを見ることができる。木ガスの量は炭材の種類、炭化条件で異なってくるが、1m^{3}のブナ材（約730kg、水分22〜24％）を乾留したときに180〜200kgの木炭とともに、80〜100m^{3}の木ガス、400kgの木酢液が得られたという例がある。

木材を構成する主要な成分は、セルロース、ヘミセルロース、リグニンで、木材中に含まれる割合は針葉樹、広葉樹での違い、樹種による違いはあるものの、おおよそセルロースは45〜60％、ヘミセルロースは15〜25％、リグニンは25〜30％である。これらは成分量的に多いので主要三大成分と呼ばれている。これらの成分のほかに木材の色や香りなどのもとになっている抽出成分

表2　木ガスの組成(三浦 1943)

温度＼成分	二酸化炭素	一酸化炭素	メタン	水素	炭化水素(エチレンなど)
〜360℃	54.5	38.8	6.6	−	−
360℃〜	18〜25	40〜50	8〜12	14〜17	6〜7

や無機質などが含まれているが、量的には少量であり、抽出成分に至っては国産樹種では多くて3〜5％程度である。主要三大成分と抽出成分の最も大きな違いは分子量で、前者が高分子で分子量が数万以上であるのに対して、後者は低分子で、その分子量はたかだか1,000程度である。

　炭窯の窯口に積んだ「つけ木」に点火するとしばらくしてその奥に積まれた炭材に火がつく。この時点が着火で、その後に炭化が始まる。炭化の初期段階には多くの白煙が生じるが、この過程は炭材に含まれる水分が除去される乾燥工程である。この段階での煙は水分が多いので白煙となる。この過程で低分子の抽出成分は水分と一緒に放出され、ごく一部は捕捉され木酢液の上に油分として残るが、捕捉されずに大気中に放散してしまうのがほとんどである。乾燥工程が終わりに近づくと、高分子である三大成分が分解をはじめ、白色の煙が消え、煙は淡黄色ないしは淡赤色に変色していく。最初に分解を始めるのはヘミセルロースで、180℃付近になると熱分解を始める。ヘミセルロースは、グルコース、キシロース、アラビノースといった糖が結合した高分子である。

　ついでセルロースが240℃程度で分解し始める。セルロースはグルコースが直線状に重合した化合物で、木材の場合には4,000〜5,000のグルコースが重合している。熱分解によって低分子化し、また、脱水、付加などの反応も起きて木酢液成分となる。

　さらに温度が上昇していくと280℃近辺でフェノール分子の重合体であるリグニンが分解し始める。これらの三大成分が熱分解する温度範囲は、おおよそ、ヘミセルロースが180〜300℃、セルロースが240〜400℃、リグニンが280〜550℃程度である。以上の温度は炭窯内の温度であり、煙の温度はそれよりも低く、窯内の温度が上がりようやくヘミセルロースが分解し始める頃の煙の温度は80℃前後、窯内温度が500℃を超えて炭化がそろそろ終了する頃の温度は200℃前後である。窯内温度が500℃を超えるとベンゾピレンのような多環芳香族化合物が生成される可能性があるので、木竹酢液認証協議会の規格では採取温度を煙の温度80〜150℃と決めている。

表3 木酢液中の有機物含有率(%)(谷田貝ほか 1993)

	クヌギ	アカマツ	カラマツ	ヒノキ	ユーカリ(グランディス)
有機物	8.1	16.2	18.1	6.4	28.8
水分	91.9	83.8	81.9	93.6	71.2

表4 炭化温度と乾留生成物の収率との関係(谷田貝ほか 1993)

		炭化温度					
		広葉樹材			針葉樹材		
		〜300℃	〜400℃	〜500℃	〜300℃	〜400℃	〜500℃
生成物収率	木炭(%)	45.9	33.6	29.8	49.2	35.4	31.5
	木酢液(%)	24.7	28.8	30.2	24.0	26.7	27.7
	木タール(%)	16.8	21.1	21.3	14.4	21.4	22.8
	木ガス(%)	12.1	16.0	18.5	12.1	15.3	18.0
	損失(%)	0.5	0.5	0.2	0.3	1.2	0.0

　木酢液の構成成分は水分が80〜90％で残りが有機物である(表3)。水分は多いものでは30％近く含むものもある。有機物としては、酸類、アルコール類、フェノール類、中性物質、塩基性物質が含まれる。塩基性物質の含有率は極めて少なく、含まれている場合が少ない。

　木酢液の収率は炭化温度によって変わり、炭化温度が高くなるにつれて収率は高くなる(表4)。木タール、木ガスも同じように炭化温度の上昇とともに収率は高くなる。それとは逆に、木炭の収率は低くなる。木炭収率の減少は生成過程の木炭中の炭素以外の成分が木酢液、木タール、木ガスに移行するためである。木酢液は炭化温度によって収率が変化するが、木酢液の成分組成も炭化温度によって変化する。炭化温度が300℃以上になるとリグニンが分解するためフェノール類が多くなる傾向にある。高温で得られる木酢液成分の構造は低温で得られる成分に比べて単純化したものが多く、これは木酢液成分が高温のもとで二次分解を起こすためである。

　表5は広葉樹、針葉樹材を乾留した時に得られた木酢液の成分組成を示している(小林 1938)。炭化条件によっても木酢液組成は違ってくるので、この数字が必ずしも標準的なものではなく、針葉樹と広葉樹の木酢液の差をこの表から比較することはできないが、水分が80〜90％で、有機物含量はその残りの10〜20％であることがわかる。

　白炭窯では炭化中の温度は800℃程度であるが、空気の流入を多くして炭

表5 広葉樹、針葉樹の乾留木酢液(小林 1938)

含有率(%)

樹　種	水	酢　酸	メチル アルコール	アセトン	溶解タール
広葉樹	81	8〜10	2.44	0.55	7
針葉樹	91	3.5	1.22	0.28	4

表6 黒炭および白炭窯による木酢液の性状(林業試験場編 1958)

炭窯の 種類	樹　種	比　重	酸含量(%)	全固形分(%)	ギ酸(%)	アセトン(%)
黒　炭	コナラ	1.016	2.93	2.97	0.20	0.38
	カ　シ	1.016	4.53	1.44	0.41	0.71
白　炭	コナラ	1.020	7.18	1.58	1.12	2.49
	カ　シ	1.024	7.04	2.70	0.55	1.44

表7 製炭時の酢酸濃度の経時変化(牧 1943)

黒炭窯ナラ材製炭				白炭窯カシ材製炭	
点火後の 時間(h)	酢酸濃度 (%)	点火後の 時間(h)	酢酸濃度 (%)	点火後の 時間(h)	酢酸濃度 (%)
1.5	2.0	25.5	4.8	1	4.9
4.5	3.0	8.5	5.4	4	4.9
7.5	3.0	31.5	5.4	7	6.5
10.5	3.0	34.5	5.4	10	10.0
13.5	3.0	37.5	5.0	13	10.0
16.5	3.0			16	14.0
19.5	3.5			19	9.0
22.5	3.7			22	11.5

素以外の不純物を燃焼させる炭化の最終過程である「煉らし」の段階では窯内温度は1,000℃を超える。それに対して黒炭窯での窯内温度は600℃前後である。その温度の差は木酢液の性状にも現れている。**表6**はコナラおよびカシなどの雑木を炭化して得られる木酢液の性状である(林業試験場 1958)。白炭木酢液は黒炭木酢液よりも酸含量が多い。この理由の一つとして、白炭窯では熱分解で得られた低分子化合物が高温のもとにさらに分解して酢酸などの低分子になることや、メトキシフェノールなどの水酸基を持ったフェノール化合物が、高温で二次分解することによってメトキシル基が母体のフェノールから離れ、酸性のフェノール化合物になることなどが、酸含量を増加させる一因とも考えられる。

　表7は黒炭窯、白炭窯で炭化した時の点火後の時間と、その時の酢酸濃度である(牧 1943)。樹種はそれぞれナラとカシで異なっているがおおよその傾向

表8　緩急炭化と生産物の収量との関係(三浦 1943)

収量(%)

炭　材		木タール	木酢液	木酢液中の酢酸	酢　酸	木　炭	木ガス
ブ　ナ	緩	5.85	45.80	11.37	5.21	26.69	21.66
	急	4.90	39.45	9.78	3.86	21.90	33.75
ナ　ラ	緩	3.70	44.45	9.18	4.08	34.68	17.17
	急	3.20	42.04	8.19	3.44	27.73	27.03
カラマツ	緩	9.30	42.31	6.36	2.69	26.74	21.65
	急	5.58	38.19	5.40	2.06	24.06	32.17
シラカバ	緩	5.46	45.59	12.36	5.63	29.24	19.71
	急	3.24	39.74	11.16	4.43	21.46	35.56
ハンノキ	緩	6.39	44.14	13.08	5.77	31.56	17.91
	急	7.06	40.70	10.14	4.13	21.11	31.13

注)　緩:徐々に熱をかけて緩炭化したもの。
　　急:灼熱する乾留炉に炭材を投入して急炭化したもの。

はわかる。炭化終了時に近い場合を除いて、いずれの場合も時間の経過、すなわち温度の上昇とともに酢酸含量は増加している。そして、白炭窯の方が濃度も高い。

　一般に良質の炭を作るにはゆっくりと時間をかけて炭化させるのがよいといわれている。空気流入量を少なくすればゆっくりと炭化し、多くすれば、熱分解は早く進み、炭化が早く終了する。**表8**は徐々に熱をかけて炭化した場合(緩炭化)と、灼熱する乾留炉に炭材を入れた場合(急炭化)の比較である(三浦 1943)。木タール、木酢液、酢酸の収量は緩炭化の場合の方が高い。木炭の収量も緩炭化の方が高めである。しかし、木ガスの場合は逆で、急炭化の方が収量は高い。

1-5　木酢液構成成分

　木酢液を構成する成分は、微量成分も含めると200種類におよぶことが知られている(谷田貝ほか 1993)。そのほとんどが主要三大成分であるセルロース、ヘミセルロース、リグニンの熱分解生成物である。80〜90％が水分で、残りが有機物である。有機物の構成成分を主なグループに分けると**図5**に示す酸類、アルコール類、フェノール類、エステル類、アルデヒド類、塩基性物質類などになる。このうちでもっとも多いのが酸類で、その中でも酢酸含量が最も高い。木酢液が木酢液と呼ばれる由縁である。酢酸は多い場合には有機物含量の50％近くを占める場合もあり、原料の炭材に対しては4〜10％程度の割合

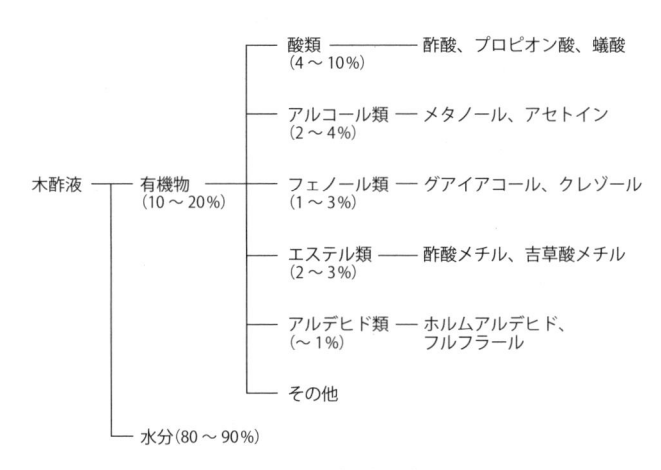

```
木酢液 ─┬─ 有機物      ┬─ 酸類          ─── 酢酸、プロピオン酸、蟻酸
        │  (10～20%)   │  (4～10%)
        │              ├─ アルコール類  ─── メタノール、アセトイン
        │              │  (2～4%)
        │              ├─ フェノール類  ─── グアイアコール、クレゾール
        │              │  (1～3%)
        │              ├─ エステル類    ─── 酢酸メチル、吉草酸メチル
        │              │  (2～3%)
        │              ├─ アルデヒド類  ─── ホルムアルデヒド、
        │              │  (～1%)            フルフラール
        │              └─ その他
        └─ 水分(80～90%)
```

図5　木酢液の主な成分

を占めることになる。フェノール類が含まれる割合は、酸類よりも低く、高々1～3％である。木酢液の抗菌・抗カビ作用などの生理活性はフェノール類に負うところが多く、そういう点では少ない含量で強い生理活性を有するフェノール類は注目に値する。アルデヒド類としては、ホルムアルデヒドやフルフラールなど、いくつかの化合物が含まれるが、含まれる割合は合計で高々1％前後であり微量成分に入る。

表9　木酢液の主な成分の割合(%)（谷田貝ほか 1988）

化合物名		炭材の種類		
		クヌギ	ヒノキ	アカマツ
酸類	酢酸	49.3	55.6	48.1
	プロピオン酸	5.6	2.7	2.7
	ブチル酸	0.9	0.8	0.1
アルコール類	メタノール	5.5	15.6	8.6
	アセトイン	0.5	0.3	0.3
	シクロテン	3.5	0.5	3.0
	マルトール	0.2	0.6	1.6
	フルフリルアルコール	1.0	0.4	0.8
フェノール類	グアイアコール	3.3	0.6	2.0
	o-クレゾール	3.5	2.1	0.3
	p, m-クレゾール	1.5	1.1	1.6
	2,6-ジメトキシフェノール	2.3	2.0	0.8
エステル類	酢酸メチル	1.4	2.5	11.9
アルデヒド	フルフラール	1.2	0.7	1.4
その他	アセトン	0.2	0.4	0.2

注）数値は木酢液中の有機物に対する％。

木酢液は炭材の種類が違っても、ほとんど同じ成分を含み、樹種によって異なる点は成分組成である（谷田貝ほか 1988）。**表**9にクヌギ、ヒノキ、アカマツを炭材として得られた木酢液の成分組成を一例として示した。ここで示した成分は 200 成分ほどから成る木酢液成分の代表的なものである。酢酸含量が圧倒的に多いことがわかる。

抗菌・抗ウィルス作用

2-1　もみ酢液の抗菌活性 22
2-2　白紋羽病に対する木酢液の抗菌作用 24
2-3　核多角体病に対する抗菌作用 27
2-4　コウジカビ病発病抑制 29
2-5　立枯病菌に対する作用 30
2-6　イネモミ枯細菌病に対する作用 32
2-7　レジオネラ菌に対する作用 33
2-8　水カビに対する作用 34
2-9　土壌消毒に効果を発揮する木酢液 35
2-10　萎縮病 37
2-11　リンゴ絞りかすからの酢液の抗菌作用 39
2-12　竹酢液による水の浄化 43

2-1　もみ酢液の抗菌活性

　稲作の副産物として大量に排出されるもみ殻は、燃料、もみ殻燻炭、堆肥などに利用されており、最近ではもみ殻を芯に入れたボードも開発されているが、確固たる利用法がないのが現状である。以前は大量に出てくるもみ殻を収穫の終わった田んぼの上で焼却処分する光景がよく見られたが、煙の害が問題視されている現在では、それも見られなくなっている。毎年、稲刈り時になると大量に出てくるもみ殻を、廃棄物として捨てるのではなく、貴重なバイオマス資源として利用しようという試みは行われている。そのいくつかの例を以下に示そう。

　もみ殻燻炭を作るときに得られるもみ酢液は、木酢液に比べて木タールなどの粘ちょう性物質が少なく、水との親和性が高いので扱いやすい。

　表1は生理食塩水中の大腸菌、黄色ブドウ球菌に所定濃度のもみ酢液を加えて、20℃、2時間保温した結果である。1％もみ酢液の場合、大腸菌では対照に対して39％生育し、黄色ブドウ球菌ではわずか6％の生育に過ぎない。5％もみ酢液では大腸菌に対しては、その成長を6％、黄色ブドウ球菌に対しては、0％に押さえている（渡辺1999）。

　表2は大腸菌の数を表1の場合よりも多くして、20℃で30分、7日間放置した時の結果である。5％もみ酢液では30分で96％の除菌能があり、7日間

表1　籾酢液の大腸菌群および黄色ブドウ球菌に対する除菌能（渡辺 1999）

試　料	大腸菌群 (E. coli AHU1714)		黄色ブドウ球菌 (S. aureus cowan)	
	個/mL	生育率(%)	個/mL	生育率(%)
無添加	472,000	100	108,500	100
1％籾酢	182,500	39	600	6
3％籾酢	48,500	10	350	3
5％籾酢	27,000	6	0	0

注）20℃、2h、保温。

表2　籾酢液の保温時間に対する大腸菌群除菌能（渡辺 1999）

試　料	保温時間(h)	大腸菌群 (E. coli AHU1714)	
		個/mL	生育率(%)
無添加	0.5	758,000	100
1％籾酢		646,000	85
3％籾酢		460,000	61
5％籾酢		32,350	4
無添加	168 (＝7日間)	4.5×10^5	100
1％籾酢		<10	0
3％籾酢		<10	0
5％籾酢		<10	0

注）20℃で保温。

表3 籾酢液の河川水の大腸菌群に対する除菌能
(渡辺 1999)

試 料	大腸菌群	
	個/ml	生育率(%)
対 照	938	100
1% 籾酢	690	73
3% 〃	184	20
5% 〃	146	15

注)20℃、0.5h、保温。

表4 籾酢液の河川水の一般細菌に対する除菌能
(渡辺 1999)

試 料	一般細菌数	
	個/ml	生育率(%)
対 照	1485	100
1% 籾酢	600	40
3% 〃	230	15
5% 〃	90	6

注)20℃、2h、保温。

では1％もみ酢液でも完全に除菌している。

表3は、下水処理水の流入が多く、大腸菌の多い河川水にもみ酢液を加え、20℃で30分保温した時の大腸菌に対する除菌能である。5％で85％の除菌能を示している。**表4**は同じ河川の水の一般生菌数に対して20℃で2時間保温したときの除菌能である。この場合も除菌能は高く、5％もみ酢液で94％の除菌能を示している。もみ酢液は病原菌の繁殖を抑制するのに効果があることがわかる。

2-2　白紋羽病に対する木酢液の抗菌作用

　図1は白紋羽病に対する木酢液の抗菌作用を示している(渡辺ほか 1993)。使用した木酢液はコナラを黒炭窯で炭化して得たものである。コナラ木酢液を添加した培地に白紋羽病菌を接種し、25℃で7日間培養し、菌糸の伸長量を測定した結果である。100分の1濃度で菌の生育を完全に阻害し、400分の1濃度でも約35％阻害している。

　この生育阻害作用は酸性である木酢液を培地に加えることによるpHの影響が現れている可能性も考えられる。そこで、所定濃度になるように木酢液を培地に加えた後、NaOH水溶液で菌の生育に適した培地のpH値である5.6に調整し、同様な実験を行った結果が図2である。50分の1濃度での阻害率は約75％、200分の1では約35％となり、pH調整をしていない図1の場合と比べて、阻害率は減少するもののpHの作用を除いても阻害作用は見られる。

　木酢液濃度50分の1〜400分の1に相当するpHに培地をHCl(塩酸)で調整し、供試菌を接種して25℃、7日間培養し、菌の生育阻害、すなわち菌叢の

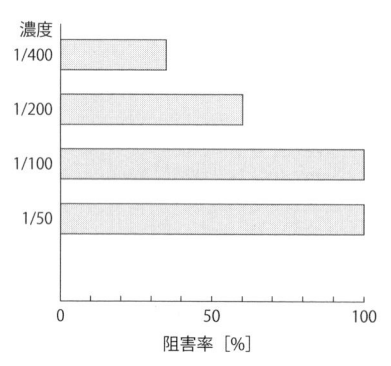

図1　木酢液添加培地での菌の生育阻害効果
(渡辺 1993)
注) 菌：クワ白紋羽病菌、
　　木酢液：コナラ木酢液
　　阻害率(%)＝(1－木酢液添加PDA培地
　　での菌糸伸長量／PDA培地での菌糸伸
　　長量)×100
　　菌接種後25℃で7日間培養。

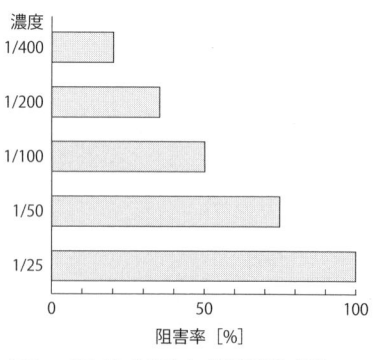

図2　pH5.6に保持した木酢液添加培地での
　　　菌の生育阻害効果(渡辺 1993)
注) 菌：クワ白紋羽病菌、
　　木酢液：コナラ木酢液
　　阻害率(%)＝(1－木酢液添加PDA培地
　　での菌糸伸長量／PDA培地での菌糸伸
　　長量)×100
　　菌接種後25℃で7日間培養。
　　NaOH水溶液でpHを調整。

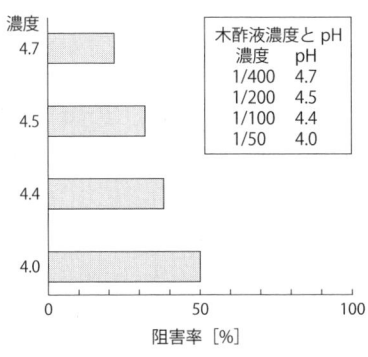

図3　培地pHによる菌の生育阻害効果
（渡辺 1993）

注）菌：クワ白紋羽病菌、
木酢液：コナラ木酢液
阻害率(%)＝(1－pH調整PDA培地
での菌糸伸長量／PDA培地での菌糸
伸長量)×100
菌接種後25℃で7日間培養。
HCl水溶液でpHを調整。

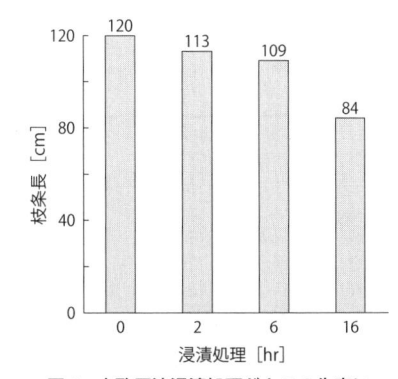

図4　木酢原液浸漬処理がクワの生育に
及ぼす影響（渡辺 1993）

注）健全苗に木酢液原液浸漬処理後、4月下
旬植え付け、8月下旬に調査。
1区3ポットの平均。

　直径を測定した結果が**図3**である。木酢液50分の1濃度に相当するpH4.0で約50％、100分の1濃度に相当するpH4.4で約35％の阻害率で、これは**図2**に示すpHの作用を除いた阻害率よりも低い。これらのことから、木酢液の白紋羽病菌に対する生育阻害作用はpHと木酢液成分の両方によるものであるが、成分による影響の方がpHによるものよりも大きいと著者は結論づけている。

　桑枝切片に白紋羽病菌を接種し、培養後に切片を木酢液の原液、2、5、10倍液に30分から90分浸漬した時には、原液で90分浸漬した場合に100％の殺菌効果が見られたが、それ以外の濃度では殺菌効果は、あまり見られなかった。さらに、白紋羽病菌を接種培養した桑枝切片を土壌中に埋没し、その上から木酢液を散布して10日後に切片を取り出して培地上に置き、10日間保持した後に菌糸の発生を観察すると原液、2倍希釈液で菌糸が発生せず殺菌効果が認められている（**表1**）。

　シャーレ中のポテトデキストロース寒天培地（PDA培地）上に白紋羽病菌を培地全面に菌叢が広がるまで培養した後に土壌（沖積層壌土）を敷き詰め、その上から木酢液を注ぎ、25℃で10日間保ち、シャーレ壁に伸長する菌糸の長さを測定したのが**表2**である。対照に比べ原液では菌糸は全く生育せず、20倍希

表1 木酢液土壌灌注による殺菌効果
(渡辺ほか 1993)

木酢液濃度	供試切片数	菌糸発生切片数
原液	3	0
2倍	3	0
5倍	3	3
10倍	3	3
20倍	3	2
対照(水)	3	3

注)白紋羽病菌を接種培養したクワ枝切片を土壌中に埋没後、木酢液を散布。10日後に切片を取り出して培地上で25℃で10日間保持。

表2 木酢液土壌灌注による菌生育阻害効果
(渡辺ほか 1993)

木酢液濃度	菌糸伸長量(mm)	指数
原液	0.0	0.0
5倍	8.2	18.9
10倍	9.7	22.4
20倍	11.8	27.3
50倍	36.9	85.2
対照(水)	43.3	100.0

注)腰高シャーレ中のPDA培地に供試菌(白紋羽病菌)を移植、培地全面に菌叢が広がった後、細土を入れ、その上から木酢液を散布。ガラス壁に沿って伸長する菌糸の長さを測定。
1. 25℃、10日間保持、2連制。
2. 菌糸の伸長量は腰高シャーレ1個につき、4カ所で測定した平均値。
3. 対照は土壌表面(シャーレ底面からの高さ:38 mm)を越えて伸長。

表3 木酢液浸漬による感染クワ苗の消毒効果
(渡辺ほか 1993)

浸漬時間(hr)	供試本数	発病本数
0.5	5	5
1	5	3
2	5	1
4	5	0
6	5	1
16	5	0
対照(トップジンM)	5	0
対照(無浸漬)	5	5

注)クワ根に菌糸(白紋羽病菌)を十分に着生させた後、木酢液原液に所定時間浸漬してからポットに植え付け。植え付け6カ月後に抜き取り、発病調査。

釈した木酢液でも対照に比べ30%以下の生育であった。土壌においても木酢液は白紋羽病菌の殺菌・生育阻害作用があることがわかる。

　根を白紋羽病菌に感染させたクワ苗を木酢液原液に所定時間浸漬してからポット(1/2000a)に植え付け、6カ月後にクワを抜き取り、根に菌糸が着生しているかどうかを調べた結果が**表3**である。浸漬時間によって感染の割合は異なるが、2時間の浸漬では供試数5本のうち1本のみの発病である。発病を抑えることができてもクワの成長が抑えられては意味がない。クワの成長と木酢液浸漬の影響を調べたのが**図4**である。2時間浸漬でも6時間浸漬でも浸漬時間0、すなわち対照と枝条の長さはほぼ変わらない。これらのことから6時間程度の木酢液浸漬では白紋羽病菌を防ぐ効果があり、クワの成長にも悪影響がないことがわかる。白紋羽病菌に感染した土壌に所定濃度に希釈した木酢液3リットルを灌注し、10日後に健全クワ苗を植え付け、50日後にクワを抜き取り、根部の菌糸着生程度を調べた結果では、5倍、10倍希釈濃度では感染は全く見られなかった。

　以上のように、木酢液は白紋羽病菌に抗菌作用を示し、感染クワ苗の消毒用として利用できるとともに、土壌消毒用としても利用できる。

2-3　核多角体病に対する抗菌作用

絹の原料となる蚕(かいこ)はウイルス、細菌、カビ類によって病気にかかる。いまでこそ養蚕農家は少なくなったが、蚕がかかる病気は蚕に限らず他の昆虫類にも影響を及ぼすものがあるので注意を要する。核多角体病は、食欲がなくなり、えさであるクワを離れて徘徊するようになり、環節間膜が腫れてくる病気でウイルスが原因である。硬化病は他の昆虫のカビが蚕の体内に寄生して硬化死亡する病気である。コウジカビ病は食欲不振、発育不良で死にいたる。死んだ虫体にはカビが繁殖する。以下はクワ枝から得られた木酢液が病原菌の生育を抑制する例である。

クワ枝から得られた木酢液は核多角体病の発病を抑制する(松木ほか 1996)。蚕核多角体浮遊液を塗布した飼料を摂食した蟻蚕(ぎさん)(孵化したばかりの蚕、けご)に所定濃度の木酢液をスプレーで噴霧し、10日後の死亡頭数を調査した結果が表1である。木酢液を供試したすべての区で不活化指数は約0.5であった。

次いで木酢液を噴霧した人工飼料を摂食させて、その後に核多角体浮遊液を塗布した人工飼料を蟻蚕に摂食させ、7日後に死亡頭数を調べたのが表2である。クワからの木酢液の250倍、500倍希釈液では不活指数が0.01と対照と

表1　桑条から抽出した木酢液の蟻蚕に対する核多角体病発病抑制効果(松木ほか 1996)

木酢液の種類	木酢液の濃度(希釈倍率)	log LD$_{50}$ 値	不活化指数
桑条から抽出した木酢液	250	4.52	0.53
	500	4.49	0.50
	1000	4.58	0.59
市販木酢液(ナラ)	250	4.55	0.56
	500	4.41	0.42
	1000	4.42	0.43
対照区	−	3.99	−

注)蟻蚕に核多角体の段階希釈液を塗布した人工飼料を摂取させた後、1齢2日目と2齢1日目、3日目に調整した木酢液を人工飼料5g当たり250μℓ噴霧し、摂食させた。核多角体摂食後10日目の死亡頭数を調査し、Reed and Muenchの方法で log LD$_{50}$ 値および不活化指数を算定した。
蟻蚕:卵からかえったばかりの蚕、けご、ありご。

表2　桑条から抽出した木酢液の2齢蚕に対する核多角体病発病抑制効果(松木ほか 1996)

木酢液の種類	木酢液の濃度(希釈倍率)	log LD$_{50}$ 値	不活化指数
桑条から抽出した木酢液	250	5.54	0.01
	500	5.54	0.01
	1000	6.40	0.87
市販木酢液(ナラ)	250	6.39	0.86
	500	6.27	0.74
	1000	6.13	0.59
対照区	−	5.53	−

注)1齢1日目と2齢2日目に調整した木酢液を人工飼料5g当たり250μℓ噴霧し、摂食させた。2齢1日目に核多角体の段階希釈液を摂食させ、7日後の死亡頭数を調査し、Reed and Muenchの方法で log LD$_{50}$ 値および不活化指数を算定した。

表3 桑条から抽出した木酢液散布による計量形質に与える影響 (松木ほか 1996)

試験区		減蚕歩合		化蛹歩合(%)	1万頭収繭量(kg)	繭重(g)	繭層重(g)	繭層歩合(%)
		4～5齢(%)	蔟繭中(%)					
桑条から抽出	A	2.2	3.4	94.4	17.1	1.94	0.487	25.4
した木酢液	B	2.8	3.6	93.6	17.6	2.00	0.498	25.2
市販木酢液	A	2.2	3.2	94.7	16.7	1.95	0.479	24.8
（ナラ）	B	2.7	3.6	93.6	16.2	1.88	0.474	25.4
無処理区	−	2.4	4.0	93.5	17.2	2.00	0.500	25.2

注）A：4齢1日目、5齢1、3日目の給桑時に木酢液500倍液を散布。
　　B：4.5齢期間中毎日、給桑時に木酢液500倍液を散布。

ほぼ変わりなかったが、1,000倍区では市販木酢液同様に高い値を示した。

木酢液500倍液をクワ葉に散布し、摂食させ、蚕の計量形質への影響をみたのが**表3**である。この結果からはクワ枝から得られる木酢液を蚕に散布しても計量形質は影響がないことがわかる。

2-4　コウジカビ病発病抑制

養蚕農家が減少するにつれて製造中止となる養蚕用薬剤が増えつつあることの対処として、その代替品の発掘が検討されている。ここで示す木酢液もその一つである。表1は市販木酢液、桑条木酢液のコウジカビ病発病に対する作用を調べた結果である。2齢起蚕にコウジカビ分生子水溶液をスプレーして接種した。その直後に木酢液等の供試殺菌剤を散布し、蚕を飼育、4日後の死亡頭数を調べたものである(松木・三田村 1998、2000)。対照には蚕用薬剤の新カビノランを使用している。$log\,LD_{50}$値(半数致死量対数値)が薬剤無散布では4.50であるのに対して、市販木酢液は7.48、桑条木酢液は7.12であり、対照薬剤の新カビノランの7.07と同程度の値である。これらのことから2種の木酢液は薬剤新カビノラン同様、コウジカビカビ病菌に対して高い発病抑制作用があることが示されている。

また、これら2種の木酢液の散布により、化蛹歩合、繭質ともに対照との差は認められず、蚕の成長に悪影響は与えないこともわかっている。

表1　二、三の薬剤等によるコウジカビ病発病抑制(松木・三田村 2000)

供試殺菌剤等	希釈倍率	死亡蚕数(分生子数/mL)				$log\,LD_{50}$
		10^7	10^6	10^5	0	
ヨードホール製剤	原液	23.5	23.5	23.5	25.0	4.46
	10倍	15.0	16.5	15.0	15.0	5.45
	100倍	18.5	0.5	2.5	2.0	6.61
塩化バンザルコニウム液	原液	24.0	24.5	25.0	25.0	4.53
	10倍	4.5	4.0	1.5	0.5	7.26
	100倍	25.0	21.0	6.0	1.0	5.44
市販木酢液A	原液	0.0	0.5	0.5	0.0	7.48
桑条木酢液	原液	8.0	4.5	0.5	0.5	7.12
新カビノラン	−	10.5	2.0	0.0	1.0	7.07
無撒布		25.0	25.0	25.0	0.0	4.50

注1)　供試蚕品種：錦秋×鐘和、供試頭数：各区25頭2連制。
2)　2齢起蚕コウジカビ病菌分生子(105個/mL、106個/mL、107個/mL)をファインスプレーを用い0.3mL接種。
3)　各供試殺菌剤等を12.5mL/0.1㎡散布。対照薬剤として蚕用新カビノラン(製造中止)を散布。
4)　飼育は桑育で行い、4日後に死亡頭数を調査、Reed and Muench(1938)の方法を用い$log\,LD_{50}$値を算出。

2-5　立枯病菌に対する作用

　立枯病はカビの一種の糸状菌によっておこる病気で、作物の根や地表面がこの菌に侵されると、水や養分が上部にあがらなくなり、葉が黄色くなって枯れてしまう。ダイコン、ニンジン、ホウレンソウ、ダイズなど、多くの野菜がこの病気に侵される。病原菌は土壌中に生息している。このように作物に大きな被害をもたらす立枯病であるが、木酢液にはその病原菌を抑制する働きがある。

　図1はホウレンソウ苗立枯病菌(*Rhizoctonia solani*)、**図2**はダイコン萎黄病菌(*Fusarium oxysporum* f. sp. *raphani*)の増殖に対する木酢液の影響を調べたものである。使用した木酢液は黒炭窯で得られたアカマツ木酢液で、菌の生育に必要な試料を含む寒天培地に所定量の木酢液を加えたシャーレ中央部に該当する菌を接種してその後の菌糸の伸長量が測定されている(名取 1992)。どちらの場合にも同様な傾向が見られ、木酢液2倍、10倍希釈では菌糸の成長はまったく認められなかった。50倍、100倍希釈木酢液ではある程度の伸長量の低下が見られ、木酢液のこれらの菌に対する成長阻害作用があることがわかる。また、2倍、10倍希釈で伸長が認められなかった培地の一部を採って木酢液を含まない培地上で培養しても菌糸の伸長が見られないことから2倍、10倍希釈では上記2種の菌は完全に殺菌されていることが明らかにされた。

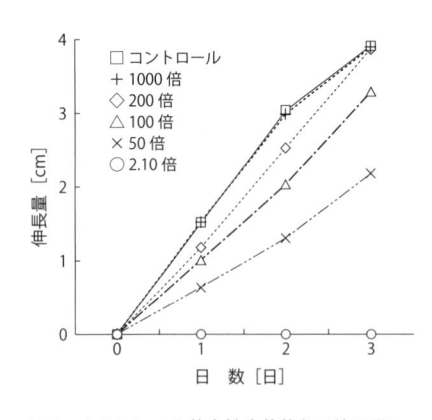

図1　ホウレンソウ苗立枯病菌糸の伸長量に及ぼす木酢液の影響(名取 1992)
注) 使用木酢液：アカマツ炭かま木酢液。

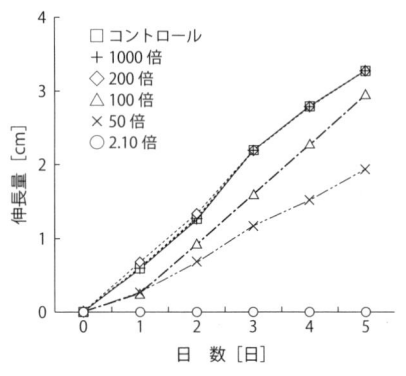

図2　ダイコン萎黄病菌糸の伸長量に及ぼす木酢液の影響(名取 1992)
注) 使用木酢液：アカマツ炭かま木酢液。

精製木酢液を水稲用種子消毒剤として農薬登録するための試験も行われている。もみ枯細菌病、苗立枯細菌病に対して、10倍液1時間浸種前浸漬で十分な防除効果が認められ、薬害もおおむね問題ないことがわかっている(森田ほか 2006)。

表1 キュウリ苗立枯病に対する木酢液の防除効果

供試薬剤	発病度	防除価
木酢液	4.8	80.1
タチガレン液剤	8.5	64.7
接種・無処理	24.1	
無接種・無処理	3.3	

注)繰り返しは3回、防除価は接種・無処理に対す割合。

木酢液は1973〜1978年にマツ、スギ、ヒノキの森林苗圃(びょうほ)での苗立枯病を対象に農薬登録されていたこともあった(化学工業日報社 1874)。

キュウリ苗立枯病の防除に木酢液が効果があることも科学的に実証されている(林野庁 2010)。

キュウリ苗立枯病菌(*Pythium aphanidermatum*)はキュウリの幼苗期、特に出芽時に苗の立ち枯れを起こす。この菌はキュウリに限らず他の野菜にも病気を起こすので問題になっている。この菌に汚染された土壌を作成し、カシ類を主とする木酢液の5倍希釈液を3 ℓ/m^2 の割合で移植7日前にじょうろで灌注した。対照薬剤としてタチガレン液剤の500倍液を3 ℓ/m^2 の割合で移植直後、移植7日後に灌注した。ほかに病原菌接種・無処理区、および無接種・無処理区を設けて比較している。移植2週間後にすべての苗の生育状況を調べて、以下に示す指数で発病度を算出し、接種・無処理区に対する処理区の防除価を求めている。その結果を**表1**に示した。

発病度＝Σ(程度別発病苗数×指数)×100÷(調査苗数×3)
 指数 0：健全苗
     1：生育抑制が認められる苗
     2：著しい生育抑制が認められる苗
     3：立枯苗
防除価＝(接種・無処理区発病度−処理区発病度)÷接種・無処理区発病度
   ×100

木酢液区では対照薬剤よりもわずかであるが発病度が低く、防除価は対照薬剤区が64.7であるのに対して、80.1であり、木酢液がキュウリ立枯病の防除に効果があることを示している。

2-6 イネモミ枯細菌病に対する作用

　開花期に病原菌を摂取した種子を用いて以下の実験が行われている（林野庁 2010）。各処理区ごとにコシヒカリ種子 260 粒を木酢液希釈液の入ったプラスチック容器に入れて 5 日間浸種、次いで催芽した種子を 30 ℃で出芽させた後、ビニールハウス内で緑化後、通常のように管理して播種 15 ～ 16 日後の罹病の度合いを調べている。使用した木酢液は pH 2.6、比重 1.013 のカシ類を主とする木酢液で、その希釈倍数は 12 倍、25 倍、50 倍、100 倍である。試験はくり返し 3 回行われ、表 1 に示すように試験 1 と試験 2 の 2 回行われている。
　発病は発病指数で評価され発病度が算出されている。
　発病指数　0：健全
　　　　　　1：腐敗枯死以外の発病
　　　　　　2：腐敗枯死
　発病度＝Σ（程度別発病苗数×指数）/（調査苗数×2）× 100

　表 1 の試験 1 では、木酢液の防除価は 12 倍希釈で 70.5 であるのに対して対照薬剤のテクリード C フロアブルでは 66.0、試験 2 では 70.1 に対して 28.1 であった。12 倍希釈では木酢液による薬害も認められなかった。25 倍以上の希釈度では効果は認められなかった。12 倍希釈では効果がある結果が出されているが、50 倍以上の希釈度では無処理区よりもさらに激しい発病が起こることも観察されている。

表 1　イネモミ枯細菌病に対する木酢液の防除効果

供試薬剤	希釈倍数	発病度		防除価	
		試験 1	試験 2	試験 1	試験 2
木酢液	12 倍	14.2	13.5	70.5	701.0
	25 倍	82.8	64.7	0.0	0.0
	50 倍	99.1	91.2	0.0	0.0
	100 倍	99.0	91.0	0.0	0.0
テクリード C フロアブル	200 倍	16.4	32.5	66.0	28.1
無処理		48.2	45.2		

注）反復は各試験区ごとに 3 回、発病度は 3 回の平均値。

2-7　レジオネラ菌に対する作用

1976年、アメリカ合衆国の米国在郷軍人会の大会で、参加者と周辺住民が肺炎にかかり、多くの死者を出した原因が会場近くの建物の冷却塔から飛散したエアロゾル中に含まれていた好気性グラム陰性菌レジオネラ属菌の Legionella pneumophila である。レジオネラ属菌はわが国では北は北海道から南は沖縄まで全国的に土壌から見いだされているが、水環境でも見いだされ、わが国では各地の温泉でレジオネラ症の発症が観察されている。大量の水を溜めて利用する場所、例えば空調設備の循環水や入浴施設で発生するエアロゾル中に含まれてヒトに感染する。

いくつかの種からなるレジオネラ属菌であるが、最も高頻度に見いだされるのは Legionella pneumophila である。表1は冷却水塔由来 L. pneumophila 26株に対する竹酢液の抗菌効果を経時的に観察した結果である。経過と共にレジオネラ菌の阻止円は増大している（古畑 2005；古畑ほか 2001）。この竹酢液の L. pneumophila に対する最小生育阻止濃度（MIC）は80倍希釈の竹酢液で1.25%であった。

菌を完全に殺してしまう最小殺菌濃度の測定では、4倍希釈、すなわち25%の竹酢液に1分間接触させた場合に100%の殺菌効果が得られている。さらに竹酢液の殺菌効果は濃度に依存し、10倍希釈では10分間を要し、100倍希釈では60分経過後に99.9%の殺菌効果が得られている。

表1　レジオネラ菌（L. pneumophila）に対する竹酢液の経時的抗菌効果（古畑 2005）

放置条件	測定時期						
	開封直後	1カ月後	2カ月後	3カ月後	4カ月後	5カ月後	6カ月後
室温	34 ± 2.5*	31.5 ± 6.9	37.0 ± 7.7	41.8 ± 6.6	49.0 ± 7.0	51.7 ± 10.8	54.7 ± 8.5
4℃	−	31.2 ± 5.6	37.5 ± 7.1	41.7 ± 4.9	48.2 ± 6.5	51.6 ± 10.1	54.4 ± 8.7

注）＊；阻止円の平均値±標準偏差（mm）
　　n＝26株
　・レジオネラ菌に対する竹酢液の
　　　最小生育阻止濃度（MIC）：1.25%（80倍希釈）
　　　最小殺菌濃度（MBC）：4倍希釈で1分間の接触。
　　　　　　　　　　　　　10倍希釈で10分間の接触。
　　　　　　　　　　　　　100倍希釈で60分後に99.9%殺菌。

2-8 水カビに対する作用

　ニジマス養殖では、卵に寄生する水カビ類が問題になる。寒天培地上で培養した水カビ（Saprolegnia parasitica および S. diclina）をコルクボーラーでくり抜き、1/50、1/100、1/200、1/400 の濃度に希釈した木酢液（原料ナラ）に 10 分、30 分、1 時間、2 時間、24 時間　浸漬した後、寒天培地の中央に接種し 15 ℃で 5 日間培養した結果が報告されている（土田ほか 2005）。**表1**は実際にニジマス卵を希釈木酢液中においた場合のニジマスの水カビ寄生率を示している。木酢液による薬浴は週 2 回、1 時間行なった。薬浴時はいったん注水を止めて飼育水を抜き、その後に所定濃度の木酢液を注入した。採卵から 16 日目に卵を取りだし、発眼率、水カビ寄生率等を求めている。その後、井水をかけ流して孵化数、奇形数を求めている。発眼率は対照とほぼ同じで、水カビ寄生率はすべての濃度で対照よりも低い値となった。孵化率も対照よりもよいか、ほぼ同じであり、奇形率も対照に比べ問題にならない値であった。

　上記試験では水カビ病の発生が少なかったため、注水タンク上流部にニジマス魚肉を置き、水カビ病の発生源として強制的に水カビの遊走子が流入するようにして実験を行なった結果が**表2**である。この場合には、対照に比べ発眼率が低下、水カビ発生率が上昇し、水カビ防除効果が見られなかった。

　これらのことから木酢液は、水カビ病防除効果は有しているものの強力な効果は期待できないことがわかる。木酢液を防除剤として使用するには、卵を死なせず、水カビ病菌を防ぐ処理法の検討が必要である。

表1　木酢液のニジマス卵に対する水カビ病防除効果(1)（土田ほか 2005）

試験区	発眼率	水カビ寄生率	孵化率	奇形率
1/50	−	−	−	−
1/250	84.6	1.0	98.8	0.5
1/500	85.1	5.3	98.8	1.5
1/750	88.7	7.2	94.8	1.1
MG	86.4	0.1	95.3	2.6
対照区	89.5	7.4	95.0	0.8

注）発眼率(%) = 発眼数／受精卵数 × 100
　　水カビ寄生率(%) = 水カビ付着卵数／受精卵数 × 100
　　孵化率(%) = 孵化尾数／発眼卵数(400 粒) × 100
　　奇形率(%) = 異常仔魚尾数／孵化尾数 × 100
　　−：計測不能　MG：マラカイトグリーン

表2　木酢液のニジマス卵に対する水カビ病防除効果(2)（土田ほか 2005）

試験区	発眼率	水カビ寄生率	孵化率
1/100	9.0	63.6	10.6
1/150	8.8	51.9	25.9
1/200	24.5	54.0	34.6
1/250	18.6	66.7	62.3
MG	57.9	6.7	75.8
対照区	30.7	46.6	47.1

注）注水タンク上流部にニジマス魚肉を置き、水カビ遊走子を強制的に流入させた。

2-9　土壌消毒に効果を発揮する木酢液

　暖地ビート（夏播きビート。甜菜、サトウダイコンともいう）の病害の一つ立枯病は、リゾクトニア（*Rhizoctonia*）属、ペリキュラリア（*Pellicularia*）属、ピチウム（*Pythium*）属、フザリウム（*Fusarium*）属などの菌類によって引き起こされる。これらの病原菌に対して木酢液の効能が調べられている（宮本ほか 1963）。

　サトウダイコン立枯病菌（*Rhizoctonia candida*）、葉腐れ病菌（*Pellicularia filamentosa*）、立枯病菌（*Pythium spinosum*）の3種を使い以下の実験が行われている。

　培地上での殺菌試験では、直径9cmのペトリ皿に2～3mmの厚さに流し込んだ寒天培地の中央に、まず各菌株の菌糸片を移植して25℃で定温器内で静置し、菌叢が3～4cmに達したときに、試験液として木酢液、ホルマリン、シミルトン（有機水銀乳剤）、対照として殺菌水を、それぞれ5cc添加した。30～60分試験液に接触させた後、試験液を捨てて、定温器内に静置し、対照区の菌叢が培地表面を完全に覆った時を基準にして殺菌の度合いを測定している。**表1**はそれぞれサトウダイコン立枯病菌、葉腐れ病菌、立枯病菌に対する結果である。この結果からは葉腐れ病菌の場合に木酢液40倍希釈液で気中菌

表1　サトウダイコン立枯病菌、葉腐れ病菌、立枯病菌の菌叢に対する影響（宮本ほか 1963）

処理濃度	サトウダイコン立枯病菌 *R. candida*			葉腐れ病菌 *Pel. filamentosa*			立枯病菌 *P. spinosum*		
	供試薬剤			供試薬剤			供試薬剤		
	木酢液	ホルマリン	シミルトン	木酢液	ホルマリン	シミルトン	木酢液	ホルマリン	シミルトン
5倍	−	−	−	−	−	−	−	−	−
10	−	−	−	−	−	−	−	−	−
20	−	−	−	−	−	−	−	−	−
40	−	−	−	±	−	−	−	−	−
1000		−			−				−
2000		±			−				+
3000		+			±				++
無処理	+++			+++			+++		

注）−：完全な殺菌効果が認められたもの。
　　±：培地表面の菌叢は全く発育しないが、気中菌糸の生存がかすかに認められるもの。
　　+：培地表面にやや菌糸の発育が認められるもの。
　　++：培地表面を菌叢が中程度に発育しているもの。
　　+++：培地表面を菌叢が完全に被覆しているもの。

糸の生存がかすかに認められたものの、サトウダイコン立枯病菌、立枯病菌では40倍希釈までは完全に殺菌効果が認められている。

　ペトリ皿内での土壌処理試験も行われている。この場合には培地の表面を菌叢が完全に覆った後に、その上に殺菌した土壌を入れ、さらに25℃、3日間定温器内に静置して、菌糸が土壌表面を覆った時に各種試験液処理を行った。木酢液、ホルマリンは各15 cc、シミルトンは10 cc、対照区は蒸留水15 ccである。その後殺菌したビート種子を播種し、発芽本数、生育状況が調べられている。この場合にはいずれの処理区も無処理区よりも感染率は低く、特に葉腐れ病菌に対しては木酢液は、ホルマリン、シミルトンよりも感染率が低く、生育状態も良好であった。

　圃場土壌のコンクリート枠内での試験も行われ、この場合にも木酢液の殺菌効果が認められている。結論として、木酢液の10〜20倍液を播種7〜10日前に土壌灌注することが、暖地ビート立枯病予防には効果的であることが示唆されている。

2-10　萎縮病

　ムギ萎縮病はウイルスによっておこる病気で、茎葉が黄化し、黄緑色のかすり状の斑点や褐色の斑点ができ、葉先から褐色になり次第に枯れる病気である。
　コムギ縞萎縮病ウイルス、オオムギ縞萎縮病ウイルスに汚染された土壌に対する木酢液の効果が、ガラス室内と圃場で調べられた（宮本 1961a）。ガラス室内の実験では 30 × 60 × 30 cm の木箱が使われ、そこに約 4 cm の厚さに病土を敷き詰めて、それぞれの希釈倍数の木酢液を 1.5 ℓ 散布した。散布 5 日後に根が 2～3 本出た種子を播種し、植物の生育状態と発病状況が観察された。表

表 1　コムギ縞萎縮病病土に対する木酢液および酢酸散布の影響（ガラス室内）（宮本 1961a）

散布液希釈倍数	実験結果			
	木酢液		生育状態	
	植物数*	生育状態	植物数*	生育状態
原　液	0/164	+**	25/172	+
2 倍	0/176	+	29/191	++
4 倍	10/180	+++	30/167	++
8 倍	10/192	+++	44/182	++
16 倍	22/177	++	33/155	++
対　照***	63/168	++		−

注）　*：感染植物数／供試植物数、散布日：24-XI-1958、播種日：29-XI-1958。
　　**：発芽不良のため木酢原液区のみ 15-XII-1958 に播種し直したもの。
　　***：水道水（pH 5.6）のみを同量散布。

表 2　オオムギ縞萎縮病病土に対する木酢液および酢酸散布の影響（ガラス室内）（宮本 1961a）

散布液希釈倍数	実験結果			
	木酢液		生育状態	
	植物数*	生育状態	植物数*	生育状態
原　液	0/122	+**	13/174	+
2 倍	0/148	+	13/151	++
4 倍	11/166	+++	30/162	++
8 倍	9/153	+++	44/180	++
16 倍	17/155	++	30/171	++
対　照***	48/160	++	−	−

注）　*：感染植物数／供試植物数、散布日：24-XI-1958、播種日：29-XI-1958。
　　**：発芽不良のため木酢原液区のみ 15-XII-1958 に播種し直したもの。
　　***：水道水（pH 5.6）のみを同量散布。

1はコムギ縞萎縮病病土、**表2**はオオムギ縞萎縮病に対する結果である。11月に播種し、翌春に感染植物数が調べられている。表からわかるように、木酢液4倍区、8倍区では対照よりも感染数も少なく、生育状態はより良好な結果となっている。木酢液と同一pHに調整した酢酸を同様に散布しても木酢液ほどの防除効果は得られなかったことから、単なるpHの影響によるものではなく、酢酸以外の木酢液中の成分の影響であることが示唆された。また、オオムギ縞萎縮病汚染土壌の圃場では4倍区、8倍区で対照より大幅に汚染が抑制され、生育状態も良好であり、さらに雑草の生育が抑制された。

　木酢液は各種病原糸状菌類に対して殺菌力を持つことも明らかにされている。木酢液の揮発性成分、すなわち木酢液のにおいが萎黄病や萎ちょう病を引き起こすフザリウム・オキシスポウム(*Fusarium oxysporum*)、紋枯病や根腐れ病の主原因となるリゾトニア・ソラニ(*Rhizoctonia solanai*)、白紋羽病菌ロゼリニア・ネカトリクス(*Rosellinia necatrix*)の菌糸の発育を阻害すること、これらの菌の菌糸は木酢液125倍液への浸漬で殺菌されること(宮本1961b)、黒紋羽病菌(*Alternaria kikuchiana*)、ごま葉枯病菌(*Cochliobolus miyabeanus*)や立枯病の原因となるフザリウム(*Fusarium*)類などの菌の分生胞子の発芽は木酢液125倍液で阻害されることが実証されている(寺下・陣野1957)。

2-11　リンゴ絞りかすからの酢液の抗菌作用

　青森県がリンゴの産地であることはよく知られている。実際に全国リンゴ生産量のおよそ50％前後が青森県で生産されており、これは生産量第2位の長野県の約2倍に相当するという。リンゴはそのままフレッシュな形で食されるが、また、搾汁され栄養価の高い健康食品としてのイメージのもとにジュースとしても大量に出回っている。ただ、この場合に大量に排出される絞りかすが、年間2万トンにも達し、その用途開発が大きな課題となっている。バイオマスの有効利用が進められている中で、バイオマスを使用する際に排出される廃棄物を極力少なくするゼロエミッションの考え方もまた、重要視されるようになってきた。これまではバイオマスとして利用できる良いところだけを採りあげて残りは廃棄物として焼却処分あるいは埋め立て処分などにされていたものを積極的に利用しようという試みがなされるようになってきた。ゴミは資源の時代である。リンゴ絞りかすもその例外ではない。これまでにリンゴ絞りかすの一部は飼料、土壌改良材などとして利用されてきているが、ほとんどが未利用のままであるのが現状である。また、品質の良いリンゴを生産するためにリンゴの木の枝の剪定が行われ、相当量が毎年出てくるが、ほとんどが焼却処分されている。リンゴに限らず、ナシやブドウ、それに街路樹の剪定枝は地域によってその種類や量は異なるものの、バイオマス資源として利用するためにもそれらの用途開発は大きな意義がある。ここではリンゴ絞りかすや剪定枝の炭化によって得られた酢液の用途開発に向けた抗菌性の試験研究についてご紹介する（佐藤ほか 2006）。

　ここではステンレス製乾留炉で炭化する際に炉内温度120〜270℃の範囲で排出される排煙を空冷で凝縮させた酢液が試験に供されている。その比重、pH、酸度、溶解性タール量は**表1**に示すとおりで、リンゴ絞りかすからの酢

表1　木酢液の物性（佐藤ほか 2006を一部改変）

木酢液の種類	比重(at 15℃)	pH	酸度(w/w%)	溶解性タール(w/w%)
リンゴ絞りかす酢液	1.0270	3.88	6.32	3.85
リンゴ剪定枝酢液	1.0395	2.80	11.96	4.35

表2 フェノール画分中のフェノール類相対含有率(%)

(佐藤ほか 2006を一部改変)

化合物	リンゴ絞りかす酢液	リンゴ剪定枝酢液
グアイアコール	0.50	2.58
2-メトキシ-4-メチルフェノール	0.23	0.61
フェノール+o-クレゾール	23.03	19.40
2-メトキシ-4-エチルフェノール	-	0.16
2,5-キシレノール	-	0.11
p-クレゾール+2,4-キシレノール	2.41	3.92
m-クレゾール	2.38	2.83
2,3-キシレノール	-	0.15
p-エチルフェノール+3,5-キシレノール	0.37	0.73
m-エチルフェノール	0.09	0.16
3,4-キシレノール	0.21	0.24
2,6-ジメトキシフェノール	1.94	14.88
4-メチル-2,6-ジメトキシフェノール	0.25	3.56
p-メトキシフェノール	-	1.59
m-メトキシフェノール	0.24	0.12
4-アリル-2,6-ジメトキシフェノール	-	0.41
バニリン	-	0.16
アセトバニロン	-	0.46
カテコール	18.12	15.06
ヒドロキノン	7.54	3.59
計	57.31	70.72

表3 カルボン酸画分中のカルボン酸類相対含有率(%)

(佐藤ほか 2006を一部改変)

化合物	リンゴ絞りかす酢液	リンゴ剪定枝酢液
酢酸	55.62	57.46
プロピオン酸	14.32	8.93
イソブチル酸	0.06	-
n-ブチル酸	3.54	2.57
イソ吉草酸	0.82	0.37
メタアクリル酸	-	0.05
n-吉草酸	0.66	0.24
クロトン酸	-	0.15
n-ヘキサン酸+チグリン酸	-	0.10
トランス-2-ペンテン酸	0.20	0.20
n-ヘプタン酸	0.09	0.08
安息香酸	0.33	0.47
計	75.64	70.62

液はpHが高いのに比べてリンゴ剪定枝の酢液はpHが低い値を示し、酸度も高いのが特徴的である。表2、表3、表4は、リンゴ絞りかす酢液およびリンゴ剪定枝酢液のそれぞれフェノール類、カルボン酸類、中性物質の相対含有率を示している。リンゴ剪定枝酢液のフェノール類の主成分は2,6-ジメトキ

表4　中性物質画分中の中性物質相対含有率(%)

(佐藤ほか 2006を一部改変)

化合物	リンゴ絞りかす酢液	リンゴ剪定枝酢液
2-ブタノン	-	1.57
1-プロパノール	-	-
o-キシレン	0.50	3.24
シクロヘキサノン	-	-
2-シクロペンテノン	-	3.48
フルフラール	0.93	10.92
テトラヒドロフルフリルアルコール	-	-
2,5-ヘキサジオン	-	-
2-アセチルフラン	2.45	5.44
3-メチル-2-シクロペンテノン	4.68	5.55
5-メチルフルフラール	1.18	3.70
4-ブチロラクトン	0.62	-
フルフリルアルコール	16.70	0.58
1-メチルナフタレン	0.79	0.58
フェネチルアルコール	-	0.35
計	27.85	35.41

シフェノールで、ほぼ15％という高い含有量を示し、構造的に似通ったシリンゴール類の4-メチル-2,6-ジメトキシフェノール、4-アリル-2,6-ジメトキシフェノールもリンゴ剪定枝酢液には含まれているが、リンゴ絞りかす酢液には含まれていてもごく少量で、4-アリル-2,6-ジメトキシフェノールは含まれていなかった。広葉樹リグニンはその構成単位をシリンゴールを主としているので熱分解生成物もシリンゴール類の含有率が高い結果となっているが、リンゴ絞りかす酢液の成分組成は剪定枝のそれとは大きく異なり、炭化前の絞りかすの成分組成が剪定枝のそれとはかなり異なることがわかる。

　カルボン酸類は絞りかす酢液、剪定枝酢液の双方とも主成分は酢酸で酸類の半分以上の割合を占めており、次いで多いのがプロピオン酸である。酸類はその構成成分の割合は双方ともに類似していた。中性物質に関しては、剪定枝酢液では主成分はフルフラールで10％以上を占めているが、絞りかす酢液では1％以下で、その代わりにフルフラールの還元体であるフルフリルアルコールが16％を占めるなど、2者の間で大きな差がみられた。

　それでは絞りかす酢液、剪定枝酢液は植物の病原菌に対してはどのような効果があるだろうか。その結果が**表5**である。剪定枝酢液は、灰色カビ病菌、果樹灰星病菌、イネごま葉枯病菌、ヤマハギ炭そ病菌に対して1.0％以上の濃度で完全に生育を阻害するが、絞りかす酢液では1.0％では生育を阻止するこ

表5 リンゴ絞りかす酢液およびリンゴ剪定枝酢液の抗菌作用

（佐藤ほか 2006を一部改変）

木酢液の種類	濃度(%)	Bc	M	Bo	C
コントロール(蒸留水)	0	+	+	+	+
リンゴ絞りかす酢液	1	+	+	+	+
	3	-	-	-	-
	5	-	-	-	-
リンゴ剪定枝酢液	1	-	-	-	-
	3	-	-	-	-
	5	-	-	-	-

注）＋：コロニーを形成、-：菌糸の成長なし
Bc：灰色カビ病菌、M：果樹灰星病菌、Bo：イネごま葉枯病菌、C：ヤマハギ炭そ病菌

とはできず、3％でようやく阻止する働きがみられた。このことは絞りかす酢液は、抗菌性を持つことが知られているフェノール類やフルフラールの量が、剪定枝酢液に比べて少ないためであろうと報告者は推定している。

　イネもみ殻も毎年、秋の収穫時に大量に排出されるが、その確固たる利用の道がないのが現状である。イネもみ殻についても灰色カビ病菌、果樹灰星病菌、イネごま葉枯病菌、ヤマハギ炭そ病菌に対する生育阻害の効果が調べられており、この場合にもリンゴ剪定枝酢液の場合と同様1％濃度で、4種の病原菌の生育を完全に阻止することが明らかにされている。

　リンゴの絞りかすからウッドセラミックスを作る際に得られる木酢液の抗菌作用が調べられている（Kitahara *et al.* 2003）。それによると木酢液のエーテル抽出物の抗菌作用は、黄色ブドウ球菌（*Staphylococcus aureus*）、大腸菌（*E. coli*）、緑膿菌（*Pseudomonas aeruginosa*）に対して最小生育阻止濃度（MIC）が0.78 mg/mℓ、フザリウム（カビ、土壌病害菌）に対しては0.20 mg/mℓという値を示している。また、エーテル抽出の時に得られる水層の抗菌作用はMICが12.5 mg/mℓで、エーテル層に比べて活性は弱い。ちなみ抗菌性が強いことで知られているヒノキチオールのMICは0.1 mg/mℓである。

2-12　竹酢液による水の浄化

　21世紀は水の世紀といわれている。水は空気と同じように人間だけでなく地球上のすべての生きものにとって無くてはならないものである。砂漠や半砂漠、乾燥地帯などでは水が不足しているが、その水不足が乾燥地帯だけなく現在不自由なく水を使っている地域でも安定に得られなくなる恐れがあることが予想されている。水不足は飲料水の問題だけでなく思わぬところにその影響が波及する。例えば、熱帯地域で時々起こる森林火災は、食糧増産のために開拓された農耕地への灌漑用水供給のために泥炭地の水分が少なくなっていつもは水分があるので火がつきにくい泥炭地に焼き畑の火が移り、森林火災が起こるという。ロシアやアフリカでは大きな湖が干上がるところも出てきている。発電用に巨大ダムを造った国の下流の国では灌漑用の水の不足を懸念して国際紛争にもなりかねない事態になっている。こうしてみると水はその国だけのものだけでなく、国を超えて他の国にも影響を及ぼすものでもある。

　ところでわが国は食糧自給率が41％(2008年)、これはカナダ145％、アメリカ128％、ドイツ84％、イギリス70％(いずれも2003年)に比べて、主要先進国では最も低い。実は食糧を輸入することは水を輸入していることにほかならない。穀類、果実などの作物は育つのに水がいる。食肉となる家畜が食べる飼料も水がなければ育たない。木材自給率が24％に過ぎない木材も用材となるまでには大量の水を必要とする。こうしてみるとわが国は大量の水の輸入国なのだ。このような輸出先で消費される水はバーチャルウォーター(仮想水)と呼ばれる。そんなに水を輸入しているわが国は、実は世界的にも水に恵まれている。わが国の年間降雨量は世界平均のおよそ2倍である。食糧や木材の大量輸入国であるわが国は自国に豊富にある水を利用していないことになる。しかし、そのように豊富にある水も近頃の環境汚染が進む中で、必ずしもきれいな水ばかりではない。そのような中で水の浄化にもいろいろな手だてが考えられている。最近では家庭雑排水や汚染された小河川、排水溝などの水の浄化に木炭がよく使われる。多孔質の木炭は表面積が大きい。汚染水の中に木炭を入れれば、汚染物質は木炭の表面に吸着されるので、表面積が大きいということは、浄化能力も高いということになる。殺菌力のある木酢液や竹酢液を使えば

水中の微生物の繁殖を抑制し、殺菌効果も出てくる。以下に示すのは木炭と竹酢液を用いて水の浄化を試みた例である（木幡2002）。

　内径120mm、長さ630mmのアクリル製管を直列に2本ずつ3段に組んだ装置を作り、その管の中に破砕した木炭を充填した浄水器を作り、それに雨水などを流して浄水機能が測定されている。使用された木炭は約800℃でカシを炭化したものである。pH値4.5を示す雨水を通水するとpHはしだいにあがり中性に近い値になった。これは木炭がナトリウム、カリウムなどのミネラル成分を含み弱アルカリ性のためである。木炭が酸性雨の水を中性に戻していることになる。pHが5.6以下の雨は酸性雨と呼ばれる。火力発電所、化学工場などの化石資源を燃焼した時の排煙、自動車の排気ガスなどから排出される窒素酸化物、硫黄酸化物などの酸性酸化物が空気中の水蒸気と反応して硝酸、硫酸に変化して雨が酸性化する。酸性雨は森林を枯死させ、鉄やアルミニウムなどの金属を腐食させて建築物を破壊する。土壌に浸透すれば土壌を酸性化し、植物の成長に影響を及ぼし、河川に流れ込めば水を酸性化し、魚の生存を脅かす。弱アルカリ性の木炭にはそんな酸性土壌を中性化し、また、酸性の水を中和し、正常に戻す効果がある。

　上記の浄水器を用いて竹酢液による殺菌効果が調べられている。竹酢液は木酢液と同様、タケを炭化するときに排出される排煙を凝縮させ液体にしたものである。ここでは竹炭製造時に煙の温度80～180℃のものを凝縮させた原液を常圧蒸留し、104℃の留分が使用されている。この竹酢液を5％添加すると添加直後に一般細菌、大腸菌の85～90％が殺菌されたが、1～2％添加では6～12時間後に一般細菌では60～70％、大腸菌では90～100％が殺菌されたと報告されている。

3

不朽菌やキノコに対する作用

3-1　木材不朽菌に対する作用...46
3-2　食用キノコに対する作用..49
3-3　シイタケ栽培に効果的な木酢液...55

3-1　木材不朽菌に対する作用

　木酢液はカビや細菌などに対して抗菌作用を持つことが知られている。木を腐らせる木材腐朽菌に対してもこの作用はあるのだろうか。そこで、木材に対する木酢液の腐朽効果を調べたのが以下の実験である（福田・植村 1995）。木材に対する腐朽効果を調べるのによく使われるのが、褐色腐朽菌オオウズラタケ（*Tyromyces palustris*）と白色腐朽菌カワラタケ（*Coriolus versicolor*）である。オオウズラタケは代表的な褐色腐朽菌で、褐色腐朽菌は木材中のセルロースやヘミセルロースを主に分解し、分解後の木材はリグニンの色の褐色になるのでその名がある。カワラタケの属する白色腐朽菌はリグニンを好んで分解し、そのあとの木材はセルロース、ヘミセルロースによる白色となるのでその名がある。カワラタケは枯れ木などに群生する形で生育し表面が同心円状の特徴ある黒色、褐色、藍色などの模様を持つ硬い傘を持つキノコで、カワラタケから分離された多糖―タンパク質の複合体はガンの治療剤としても利用されている。木材を腐らせる厄介者だが、目線を変えてみれば、厄介者も価値の高いものになる良い例である。

　ヒノキ材を炭化して得られた木酢液をシャーレ上のポテトデキストロース寒天培地（PDA培地）に5％、25％、50％になるように添加し、その培地中央部に、オオウズラタケ、カワラタケ、軟腐朽菌ケトミウム（*Chaetomium globosum*）の菌糸をそれぞれ移植した培地、および木液無添加培地（対照）を28℃に保ち、対照の培地の表面のほぼ全面に菌糸が生育した時点で、菌を植え付けた培地の生育状態を観察し、対照と比較して生育阻止率を調べたのが図1である。オオウズラタケ、カワラタケの場合には5％濃度では10〜15％の生育阻止率で、あまり防腐効果はみられない。しかし25％、50％濃度の木酢液では90％以上の阻止率を示し、50％濃度では完全に阻止していた。軟腐朽菌に対しては5％濃度でも阻止率がおよそ60％に達し、25％濃度では90％以上、50％濃度では100％の阻止率を示している。この結果から、木酢液は腐朽菌の種類によってその防腐効果には差があることがわかる。これらの木材腐朽菌に対する木酢液の抗菌効果が、木酢液中の抗菌成分によるものなのか、酸性の木酢液を添加したことによって生じる単なるpHの低下によるものなのかはこの段階ではわ

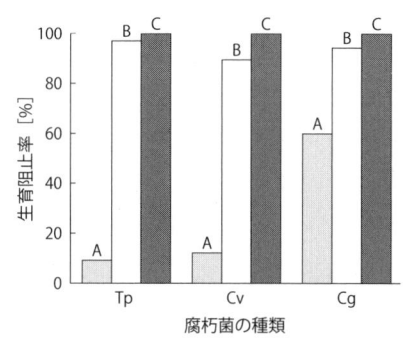

図1 木酢液の木材腐朽菌生育抑制効果
Tp：オオウズラタケ　Cv：カワラタケ　Cg：ケトミウム
木酢液濃度 A：5％　B：25％　C：50％
（福田ほか 1995）

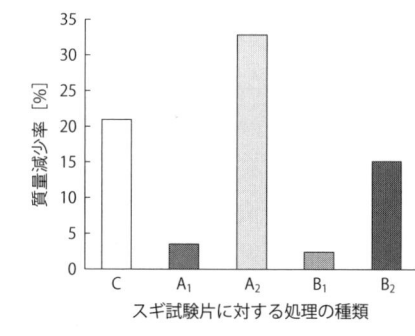

図2 木酢液のオオウズラタケ腐朽抑制効果
A_1：原液の2倍希釈液を塗布　A_2：A_1を溶脱処理
B_1：原液を塗布　B_2：B_1を溶脱処理　C：無処理
（福田ほか 1995）

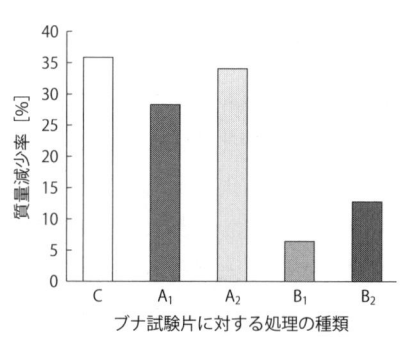

図3 木酢液のカワラタケ腐朽抑制効果
A_1：原液の2倍希釈液を塗布　A_2：A_1を溶脱処理
B_1：原液を塗布　B_2：B_1を溶脱処理　C：無処理
（福田ほか 1995）

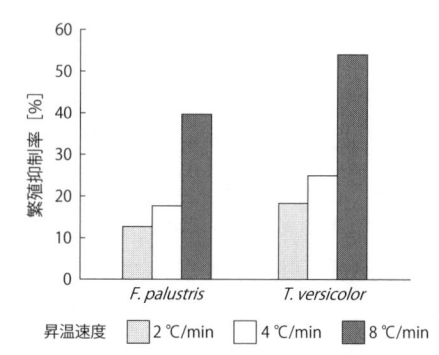

図4 異なる炭化昇温速度のもとで得られた
スギ木酢液の抗菌作用（Inoue et al. 2000）

からず、さらに詳細な検討が必要であることをこの報告者は述べている。

次いで、日本木材保存協会規格の試験方法（木材保存協会 1989）に準じて、スギ、ブナの辺材を用いて木材防腐効力試験が行われた。スギ、ブナの試験片（5×20×繊維方向40 mmで二方柾木取り）を用い、その木口面をエポキシ樹脂でシールし、これに木酢液原液、および原液の2倍希釈液を塗布した。その後、室温で20日間放置して木酢液を試験片に固着させ、一部の試験片は流水中で1週間溶脱処理を行い木酢液の洗い出しをした試験片も作成した。この試験片を上記3種の菌糸上にのせて、室温28 ℃で8週間培養して、試験片の質量減少率が調べられている。**図2**はオオウズラタケの結果である。この図からは木

酢液無処理（対照）の質量減少率が20％を超えているのに対して、原液、および原液の2倍希釈液では5％以下で小さく、かなりの防腐効果があることがわかる。しかし、溶脱処理をするとその効果は大きく低下してしまう。白色腐朽菌のカワラタケは針葉樹に対してはあまり腐朽力を持たないので、広葉樹であるブナの試験片を用いてカワラタケに対する木酢液の作用を調べると、木酢液原液の2倍希釈液を塗布したものでは、無処理の80％ほどの質量減少率を示し、低い防腐効果を示したに過ぎず、さらに溶脱処理を行うと防腐効果はほとんどみられなかった（図3）。

軟腐朽菌ケトミウムに対しては木酢液原液、2倍希釈液ともに強い抗菌作用を示したが、溶脱処理でその効果は消滅した。

木酢液は腐朽菌の種類によっては強い防腐効果を示すが、溶脱処理でその効果が消えてしまうので屋外で使用する木材に対して使用する場合にはその処理法を工夫する必要がある。

実験室レベルの小規模炭化装置で炭化温度の昇温速度を変えて得られたスギ木酢液のオオウズラタケ、カワラタケに対する抗菌作用を調べたのが図4である（Inoue et al. 2000）。最終的にはおよそ500℃前後の炭化温度であるが、昇温速度が大きくなるにつれて繁殖抑制率が大きくなるという結果が得られている。抗菌作用の強いフェノール類などの割合が高くなると繁殖抑制効果も増大することが予想されるが、炭化温度別の成分分析結果からは必ずしもフェノール類だけの影響ではないようである。

3-2　食用キノコに対する作用

　木酢液成分が食用キノコの菌糸体の成長を促す報告もされている。
　ミズナラ木酢液が担子菌類の菌糸体の生育を促進させることがすでに明らかにされている(Yoshimura & Hayakawa 1991)。それによるとヒラタケ(*Pleurotus ostreatus*)に対しては木酢液を0.1％濃度になるように添加した場合に最適な成長促進効果が得られ、ショウロ(*Rhizopogon rubescens*)に対しては0.0001％から0.001％濃度がよいという結果が報告されている(Yoshimura & Hayakawa 1993)。木酢液はすでに述べたように200成分にも及ぶ化合物で構成されている。その成分の中には菌糸体の成長を促進するものもあるだろうし、逆に阻害

表1　ヒラタケ、ショウロの菌糸体成長に及ぼす木酢液の影響(Yoshimura *et al*. 1993)

化合物	キノコの種類	菌糸体重量(mg/フラスコ)						
		対照	0.001	0.01	ppm 0.1	1	10	100
フェノール	ヒラタケ	7.7	7.7	7.7	9.8	10.9*	13.0*	7.7
	ショウロ	11.0	11.0	11.0	11.3	19.2***	10.7	4.3
2-メチルフェノール	ヒラタケ	8.0	9.0	9.5	9.7**	10.9**	14.2	極微量
	ショウロ	11.8	13.8***	14.3**	13.2	10.9	極微量	
3-メチルフェノール	ヒラタケ	8.2	8.2	8.2	8.2	11.7**	13.6**	14.9***
	ショウロ	11.8	11.8	11.8	11.8	11.8	3.7	1.8
4-メチルフェノール	ヒラタケ	7.6	7.7	7.6	7.6	11.0**	10.3*	極微量
	ショウロ	12.5	12.5	12.2	12.1	12.0	7.9	極微量
2,6-ジメチルフェノール	ヒラタケ	7.1	6.9	7.0	7.1	11.9**	11.9**	極微量
	ショウロ	10.5	10.5	13.1*	10.5	10.0	9.2	極微量
3,5-ジメチルフェノール	ヒラタケ	6.9	6.9	7.7	9.5**	10.4***	14.1***	極微量
	ショウロ	11.5	11.5	13.1	16.2***	12.7***	12.7***	4.6
2-メトキシフェノール	ヒラタケ	8.4	8.4	8.4	12.2**	18.2***	12.3***	極微量
	ショウロ	11.5	11.5	11.8	12.4**	14.9	15.2	7.2
2-メトキシ-4-メチルフェノール	ヒラタケ	7.6	7.6	7.8	7.6	9.9	13.5***	9.4
	ショウロ	12.4	11.8	11.8	11.3	11.2	10.3	7.1
2,6-ジメトキシフェノール	ヒラタケ	7.1	未試験	8.7*	9.2**	10.5***	13.0***	12.1***
	ショウロ	10.3	未試験	10.3	10.3	10.3	7.2	6.2

注1) 繰返し4回。
　2) 対照に対する有意差　*：$p<0.05$、**：$p<0.01$、***：$p<0.001$

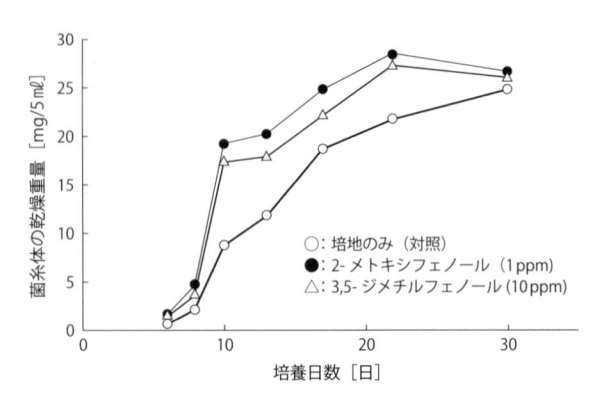

図1 ヒラタケ菌糸体の成長量の経時変化（Yoshimura et al. 1993）
注）5 mlの培地を含むフラスコで繰返し回数：6回。

するものもあるだろうし、何の反応もしないものもあるだろう。それでは菌糸体の成長を促進させる成分はどんなものなのだろうか。そこで、ミズナラを炭化温度400〜600℃で黒炭窯で炭化して得られた木酢液成分を用いてヒラタケおよびショウロの菌糸体の成長促進作用が調べられた（Yoshimura & Hayakawa 1993）。ヒラタケは山野の広葉樹に生え、ショウロは海岸の松林によく発生するキノコで、マツタケ同様、食用として珍重されるキノコである。

表1はミズナラ木酢液に含まれるフェノール類のヒラタケおよびショウロの生育に及ぼす影響を示している。試験は培地を入れたフラスコ内で行われ、結果は生育した菌糸体の重さで表わしてある。この表をみると試験に供したフェノール類は多かれ少なかれ対照よりも生育状態が良い結果となっている。特に、2-メトキシフェノールは1 ppmの添加で対照のおよそ2.2倍、2-メチルフェノール、3,5-ジメチルフェノール、2-メトキシ-4-メチルフェノール、2,6-ジメトキシフェノールはそれぞれ1.8、2.0、1.8、1.8倍、3-メチルフェノールは100 ppmで1.8倍の生育量となっている。

図1は2-メトキシフェノール（1 ppm）、3,5-ジメチルフェノール（10 ppm）を培地に加えヒラタケの生育をみたものである。培養初期ではそれぞれの生育は極めて遅いが、10日目頃から成長速度が急に速まり、22日で成長は最大となり、その後若干成長量が減少していく傾向がみられる。

ショウロの場合、フェノールが1 ppmで対照の1.7倍、3,5-ジメチルフェノールが0.1 ppmで1.4倍の成長量を示したが、ヒラタケの場合に1〜10 ppmで成

長量を増加させた 2-メチルフェノールなどのジメチルフェノール類はショウロに対してはその濃度域ではほとんど影響を及ぼしていない（**表 1**）。

さらに、1,000 ppm のフェノール類の添加ではいずれのフェノール類でも菌糸体の成長は見られなかった。

これらのことから、抗菌性を有しているフェノール類でも低濃度ならば逆に担子菌などの成長を促進させる働きがあること、その働きの強さはキノコの種類によって大きく違うことが明らかにされた。

酸類では酢酸がヒラタケに対して 100 ppm で対照の 1.8 倍、プロピオン酸が 10 ppm で 2.7 倍、酪酸が 100 ppm で 3.3 倍の成長量を示したが、ショウロでは対照よりも減少する傾向にあった。

興味深いことは、菌糸体成長促進にフラン誘導体が活性を持つことである。テトラヒドロ-2-フリルメタノールは 1,000 ppm でヒラタケに対して 2.1 倍の成長量を示した。

木酢液には塩基性成分としてピリジンとそのメチル誘導体が微量含まれている。そのピリジン類の中ではピリジンが 100 ppm でヒラタケ、ショウロに対してそれぞれ対照よりも 1.5、1.4 倍の成長量を示した。

カルボニル類では 2-ヒドロキシ-3-メチル-2-シクロペンテン-1-オンがヒラタケに対して対照よりも 1.6 倍、ショウロに対して 1.7 倍、アルコール類では 2-メチル-1-プロパノールがショウロに対して 1 ppm で対照の 1.5 倍、1-ペンタノールがヒラタケに対して 2.0 倍の成長量を示した。

木酢液中の活性の強い成分を選び出すことができたので、次にそれらの活性の強い成分を混合して、元の木酢液よりも強い活性を持つ混合物を作る試みが行われた。いわば活性の強い合成木酢液の製造である。その結果が **表 2** である。

混合物 A、B、C、D の内容は **表 2** の脚注に示した。これによるとテトラヒドロ-2-フリルメタノール、酪酸を多く含む混合物 C が成分を添加しなかった対照の 4.3 倍という飛躍的な活性を引き出している。ショウロに対してはフェノール、2-メチル-1-プロパノール、2-ヒドロキシ-3-メチル-2-シクロペンテン-1-オン、2-メチル-1-プロパノールを含む混合物 D が対照の 1.9 倍という活性を示した。これらの活性はいずれも元の木酢液よりも高い活性であった。

このようにして、木酢液とその成分がヒラタケ、ショウロの菌糸体の成長を促進させることが明らかになった。しかし、食用として食べるキノコは菌糸体

表2 ヒラタケおよびショウロの菌糸体成長に及ぼす木酢液成分の影響 (Yoshimura et al. 1993)

培地への添加物	ヒラタケ(mg/フラスコ)	培地への添加物	ショウロ(mg/フラスコ)
混合物A	13.5***	混合物B	11.4**
混合物C	28.9***	混合物D	17.6***
木酢液 2)	16.6***	木酢液 3)	13.1***
培地のみ(対照)	6.7	培地のみ(対照)	9.4

注) 混合物A:フェノール(0.06 ml)、2-メチルフェノール(0.06 ppm)、2-メトキシフェノール(0.14 ppm)、2,6-ジメトキシフェノール(0.52 ppm)、酢酸(17.9 ppm)
混合物B:2-メチルフェノール(0.001 ppm)、酢酸(0.18 ppm)、2-フラアルデヒド(0.001 ppm)、2-ヒドロキシ-3-メチル-2-シクロペテン-1-オン(0.002 ppm)
混合物C:酪酸(100 ppm)、2-メトキシフェノール(1 ppm)、テトラヒドロ-2-フリルメタノール(1000 ppm)、3,5-ジメチルフェノール(10 ppm)
混合物D:フェノール(1 ppm)、2-ヒドロキシ-3-メチル-2-シクロペテン-1-オン(0.01 ppm)、2-メチル-1-プロパノール(1 ppm)
1) 5 ml の培地を含むフラスコで、繰返し6回
2) 木酢液濃度:0.1%
3) 木酢液濃度:0.001%
有意差 *:$p<0.05$、**:$p<0.01$、***:$p<0.001$

でなく子実体である。子実体の成長を促進させる働きは木酢液にはないのだろうか。ヒラタケはおがくずの中で育てられ子実体が収穫される。このようなキノコの栽培法は菌床栽培と呼ばれる。ヒラタケをおがくずで生育させる時に木酢液を加えると子実体の収量が30%増加するということが吉村らによって報告されている。そこでその成分を突き止める試みが吉村らによって行われている(Yoshimura et al. 1995)。

用いた木酢液はミズナラ木酢液で、使用した木酢液成分は前述の菌糸体の成長促進作用のある2-メトキシフェノール、3,5-ジメチルフェノール、酪酸、テトラヒドロ-2-フリルメタノール、1-ペンタノールである。

表3は上記化合物を液体培地に置き、培養して得られた結果である。**表3**中の最適濃度は前述の菌糸体成長促進の項にある濃度である。水を加えただけのコントロールは子実体になるもとになる原基を10%生成したに過ぎないが、活性な木酢液成分を加えた培地では子実体が生成した。最も子実体形成の割合の高かったのは2-メトキシフェノールを100 μg/ml加えたときで、50%であった。木酢液自体も1000 μg/ml添加した場合に20%の子実体形成の割合を示した。

それでは実際にヒラタケが培養されるおが屑では子実体形成は促進されるのだろうか。そこで、重量比でブナおがくず85%、小麦ぬか15%と水、それに木酢液あるいは木酢液成分を加えた培地にヒラタケ菌糸を接種して子実体ができる様子を観察した結果が**表4**である。

表3　木酢液成分の液体培地でのヒラタケ子実体形成促進作用（Yoshimura et al. 1995）

化合物	濃度 (μg/ml)	子実体形成割合			
		++	+	±	-
3,5-ジメチルフェノール	1	30	10	50	10
2-メトキシフェノール	100	50	10	10	30
酪酸	1000	30	10	20	40
テトラヒドロ-2-フリルメタノール	100	0	40	20	40
1-ペンタノール	10	30	0	30	40
木酢液	1000	20	0	70	10
水(コントロール)		0	0	10	90

注）15℃で50日間培養、繰返し12回。
　　++：成熟した子実体、+：未成熟子実体、±：原基、-：原基、子実体形成なし

表4　木酢液成分のオガ屑培地でのヒラタケ子実体形成促進作用（Yoshimura et al. 1995）

化合物	濃度 (μg/ml)	かさ直径 (cm)	原基形成に 要した日数	収穫に 要した日数	収率 (g/培養容器)	比率(%)
3,5-ジメチル フェノール	1	3.1 ± 0.2	8.1 ± 1.3*	11.3 ± 1.2*	152.8 ± 10.8**	111
2-メトキシ フェノール	100	3.2 ± 0.2	8.8 ± 1.3*	12.4 ± 0.4*	168.1 ± 15.5**	123
酪酸	100	3.2 ± 0.2	9.2 ± 0.5*	11.2 ± 1.3*	177.6 ± 15.1**	129
テトラヒドロ-2- フリルメタノール	10	3.1 ± 0.2	9.4 ± 0.6	12.6 ± 1.0	135.9 ± 12.0	99
1-ペンタノール	10	3.2 ± 0.2	11.2 ± 0.4	14.0 ± 0.3	140.7 ± 11.6	103
木酢液	100	3.1 ± 0.2	7.7 ± 0.4*	10.0 ± 1.1*	155.4 ± 11.2**	113
水(コントロール)		3.1 ± 0.2	9.8 ± 1.0	13.5 ± 1.1	137.2 ± 20.4	100

注）子実体はかさ直径がおよそ3.0 cmに成長した時に収穫。繰返し32回。
　　数値は、平均±標準誤差。
　　コントロールに対する有意差：* $p < 0.05$, ** $p < 0.01$

表4からは100 μg/mlの木酢液を添加することによって原基形成に要する日数がコントロールに比べておよそ2日間早くなるし、収穫に要する日数も3.5日早くなり、収率も113％になることがわかる。3,5-ジメチルフェノール、2-メトキシフェノール、酪酸を添加した場合もコントロール(水)に比べ原基形成、収穫に要する日数も少なくなり、収率もコントロールよりも高くなる。特に酪酸の場合には収率がコントロールのおよそ1.3倍にまで向上する。

おが屑に木酢液を0.1％、1％、3.0％、6.0％加えて木酢液の添加量とヒラタケの収率を調べると木酢液を加えなかったコントロールに比べて、それぞれ21、26、42、34％の収率の増加がみられた。最も収率の高かった3.0％木酢液添加の場合には収穫に要する日数もコントロールに比べておよそ3日ほど早かった。

スギ木粉に米ぬかを混合した培地にブナを炭化して得られる木酢液を添加し、エノキタケ、シイタケ、ヒラタケの菌糸を接種すると、培地乾燥重量1kgあたり0.05ml〜0.25mlの範囲で菌糸伸長が最も進むということや、木酢液をアルカリ性にした木酢液水溶液を酢酸エチルで抽出した画分が、前述の3種のキノコの菌糸伸長を最も良く促進することも報告されている（太田・張1994）。

3-3　シイタケ栽培に効果的な木酢液

　わが国で食されるキノコ類にはマイタケ、シイタケ、エノキタケ、ナメコなどがあり、最近ではエノキタケが最も消費量が多いが、シイタケもそれに次いで消費量の多いキノコで昔から親しまれ、食卓に自然の味と香りを添えてきた。シイタケは最近では中国からの輸入干しシイタケが多くなっているが、国産のシイタケには中国産とはひと味違う良さがあり、親しまれてきた。シイタケは直径15cm程度のクヌギ、コナラなどの広葉樹丸太を1mほどの一定の長さに切りそろえ、その幹にシイタケの種菌を植え付けて林間に静置して子実体を得る方法と、木粉培地で栽培する方法がとられる。前者はほだ木栽培であり、後者は菌床栽培である。菌床栽培はほだ木栽培に比べ林間のような広い場所を必要とせず、また、外気の気象にも影響されないのでシイタケ以外の食用キノコでもよく行われている栽培方法である。ところが菌床栽培で一番問題になるのは木粉培地が害菌で汚染されることである。シイタケは無農薬栽培の自然食品としてのイメージが強く、血圧降下作用や成分のエリタデニンがコレス

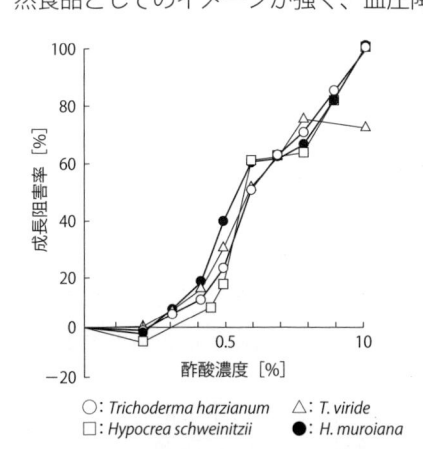

図1　シイタケ害菌の成長に及ぼす酢酸濃度
（目黒ほか 1992）
注）害菌接種前のPDA培地に酢酸4mlを添加後、害菌を接種。
36時間後のコロニーの直径を測定。
図は対照に対する成長阻害率。

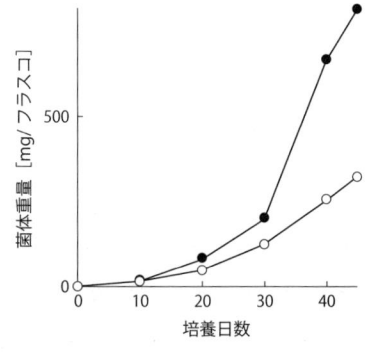

○: *Trichoderma harzianum*　△: *T. viride*
□: *Hypocrea schweinitzii*　●: *H. muroiana*

図2　リグニンのシイタケ成長に及ぼす効果
（河村ほか 1983）

●: ペプトン-グルコース、0.2%市販リグニン
○: ペプトン-グルコース培地

表1 *T. Harzianum* 菌糸成長に対する酢酸、木酢液の予防効果（目黒ほか 1992）

試料	接種後の日数	濃度(%)					
		0.00	0.25	0.50	0.75	1.00	1.25
酢酸	1	+	+	-	-	-	-
	2	++	+	-	-	-	-
	3		++	+	+	-	-
	4			++	+	-	-
	5				++	-	-
	6					-	-
	7					-	-
コナラ木酢液	1	+	+	-	-	-	-
	2	++	+	-	-	-	-
	3		++	-	-	-	-
	4			+	+	+	-
	5			++	+	+	-
	6				+	+	-
	7				+	+	-
ヒノキ木酢液	1	+	-	-	-	-	-
	2	++	-	-	-	-	-
	3		+	-	-	-	-
	4		++	-	-	-	-
	5			+	-	-	-
	6			+	-	-	-
	7			++	-	-	-

注1) －：阻害、＋：成長、＋＋：完全な成長。
 2) 害菌接種前に酢酸あるいは木酢液4mlをPDA培地に添加、培養温度25±1℃、繰返し5回。
 3) 対照に対する菌糸の成長率を測定。

テロール低減作用があるなど健康食品としても認知されているので、害菌を合成農薬で抑えるのはできるだけ控えるのが望ましい。そこで、検討されたのが木酢液による害菌防除である（化学工業日報社 1974）。

図1は酢酸のシイタケ害菌に対する成長阻害作用を示している。PDA培地に酢酸を添加し、その後に害菌のトリコデルマ属菌（*Trichoderma*）とボタンタケ属菌（*Hypocrea*）を接種してその成長をみたものである。4種類の害菌とも同じような挙動を示しており、酢酸濃度が0.5％ほどまでは比較的成長阻害率は低いが、0.5％を過ぎると急激に阻害率が高まっていった。

PDA培地20mlに所定酸度の酢酸、コナラ木酢液、ヒノキ木酢液を4ml添加後に*T. harzainum*を接種してその後の菌糸成長をみたのが表1である。これによると酢酸は0.50％で2日間、菌糸体の繁殖を抑制し、コナラ木酢液では3日間、ヒノキ木酢液では0.25％で2日間、0.50％では4日間抑制した。測定期間の7日間、繁殖を抑制したのは酢酸で1.00％、コナラ木酢液で1.25％、ヒノキ木酢液で0.75％で、ヒノキ木酢液が最も強い繁殖抑制作用を示した。

表2 *T. Harzianum* 菌糸に対する酢酸、木酢液の静菌作用（目黒ほか 1992）

試　料	接種後の日数	濃　度（%）						
		0.00	0.25	0.50	0.75	1.00	1.25	1.50
酢　酸	1	+	+	+	−	−	−	−
	2	++	++	+	+	+	+	+
	3			++	++	+	+	+
	4					++	+	+
	5						++	+
	6							+
	7							++
コナラ木酢液	1	+	+	+	−	−	−	−
	2	++	++	+	+	+	+	−
	3			++	+	+	+	−
	4				+	+	+	−
	5			++	+	+	+	−
	6				++	+	+	−
	7					+	+	−
ヒノキ木酢液	1	+	+	−	−	−	−	−
	2	++	+	+	+	−	−	−
	3		++	+	+	−	−	−
	4			+	+	−	−	−
	5			+	+	−	−	−
	6			++	+	−	−	−
	7				+	−	−	−

注1）−：阻害，+：成長，++：完全な成長。
　2）菌を1日間培養後、4mℓの酢酸あるいは木酢液を添加、培養温度 25±1℃、繰返し5回。

　害菌の感染が起こった後に木酢液を塗布したらどうなるだろうか。*T. harzainum* を一日間、培地上で培養後に木酢液あるいは酢酸を添加し、その後の菌糸の成長をみたのが**表2**である。酢酸は濃度1.50％でも2日目には菌糸体の成長がみられるが、コナラ木酢液では1.50％で7日間、ヒノキ木酢液では1.00％で7日間菌糸体の成長阻害が観察された。

　ヒノキ木酢液で強い菌糸体成長阻害作用がみられたが、これは菌糸体の成長を単に抑えている静菌作用なのか、完全に死滅させている殺菌作用なのかをみるために *T. harzainum* のコロニー上に濃度1.25％のヒノキ木酢液を添加して、一日ごとに新しいPDA培地に移植して菌糸体の生存を調べると1日目には生存が確認されたが、2日目以降に移植したものはその後7日経過しても全く菌糸の成長が認められず、2日目で死滅したことが確認された。

　酢酸よりも木酢液の方が菌糸の成長阻害作用が強いことは、酢酸にも阻害作用はあるものの酢酸以外の木酢液成分に阻害作用を有する者があることを示唆している。また、ヒノキ木酢液が上記の試験体の中で最も強い成長阻害作用を

表3 酢酸および木酢液のシイタケ子実体の発生に及ぼす影響(目黒ほか 1992)

溶 液	浸漬後の重量増加(g)	子実体の発生率(%)	子実体数	単位培地当たりの子実体生成量(g)
酢 酸	1.4 ± 0.2	100	4.3 ± 1.3	25.5 ± 5.0
コナラ木酢液	1.4 ± 0.2	100	3.9 ± 1.5	28.7 ± 5.5
ヒノキ木酢液	1.7 ± 0.5	100	3.8 ± 1.6	24.8 ± 5.9
対 照	1.5 ± 0.3	100	3.7 ± 1.8	23.6 ± 6.5

注)コナラ木粉26.3g、米ぬか8.8g、水65mlのオガクズ培地を使用。
シイタケ菌接種45日後、溶液に1分間浸漬。
その後、子実体形成を観察。
溶液の酸度:1.25%

示したが、これは抗菌作用のあることで知られるフェノール類が多く含まれていることが原因であると推測されている。

害菌の繁殖を抑制することができてもシイタケの成長を阻害するのでは意味がない。そこで、木酢液を使用したときのシイタケ子実体の発生の様子が調べられた。シイタケ菌床を培養した後、1.25%の酢酸あるいは木酢液に浸漬し、直ちにとりだして引き続き培養し子実体の発生をみたのが表3である。これによると子実体の発生は全く阻害されず、収量はむしろ増加した。

これらのことから木酢液は酢酸および木酢液はシイタケの発生を阻害することなく、害菌の繁殖を抑える働きがあることが明らかにされた。

シイタケなどのキノコは木材のリグニン、セルロースを分解、吸収して成長し、木材を腐朽させる。リグニンおよびその前駆物質であるフェノール類の存在のもとでシイタケはどのように生育するのだろうか(河村ほか 1983)。リグニンが熱分解すればフェノール類が生成する。木酢液に含まれるフェノール類の多くはリグニンの分解物である。ペプトン・グルコース平板培地上にあらかじめ生育させたシイタケ菌糸体をコルクボーラーで打ち抜き、これを液体あるいは斜面培地に接種して静置培養した結果が図2である。市販リグニンを加えた培地では菌糸体の成長が促進され、45日目にはコントロール(ペプトン-グルコース培地)のおよそ2.5倍の菌体重量になっている。リグニン前駆物質のフェルラ酸、シナピン酸でもリグニン同様の成長促進効果が観察されている。特にフェルラ酸では多数の子実体の発生が確認されている。

フェルラ酸、バニリンなどのフェノール類をペプトン・グルコース培地に添加するとシイタケ菌の子実体形成が促進されることも確認されている。また、この促進効果は培養開始時に添加したときに最も大きく、10日後では半減し、15日以降では促進効果はみられなかった(池ヶ谷・後藤 1988)。

4

植物の成長に影響を及ぼす木酢液

- 4-1 シバに対する作用 60
- 4-2 イネの生育に有効な木酢液 63
- 4-3 サツマイモへの効果 70
- 4-4 サトウキビへの効果 72
- 4-5 野菜・果樹類への効果 73
- 4-6 ケナフへの効果 81
- 4-7 木酢液散布の適量 83

4-1　シバに対する作用

　木酢液をシバに散布すると、根張りがよくなり、生育が促進され、また、緑の色も鮮やかになる。常に生き生きとした緑が好まれるゴルフ場の芝生には木酢液は好都合であり、実際にこれまでにも粉炭とともによく使われてきている。それでは木酢液はシバに対してどのように効果を現すのだろうか。その実証例を以下に示す。それはコナラ、ミズナラ、クヌギなどの広葉樹を主とした材料を炭窯で炭化した際に採取した木酢液によるシバに対する生育調節作用である（白川・深澤 1998）。

　1/10,000aの磁器製ポット（直径11.5cm、高さ15cm）に木酢液の0.01、0.05、0.1、0.25、0.5、1％液を調整し、これを塩酸または水酸化ナトリウム溶液でpH6.2に調整後、その液の1,200mℓをポットに入れ、金網をポットの口より深さ3cmの位置につるしてその上にガーゼを敷いて、シバの種子を播種した。

注1）○-○：無処理区、●-●：0.1ℓ/a、△-△：10ℓ/a、□-□：10ℓ/a、■-■：50ℓ/a
　2）1回目の木酢液処理：1992.8.23、以降毎月1回処理

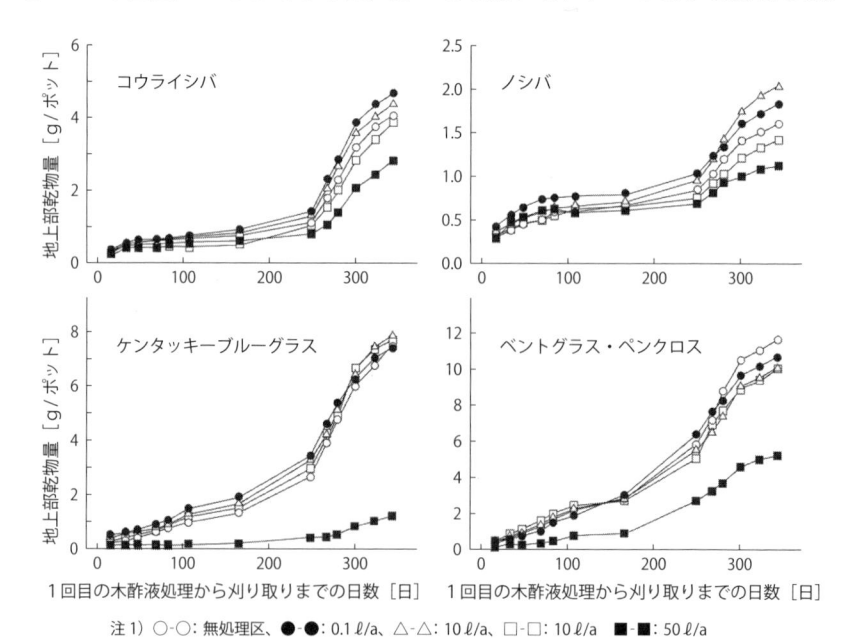

図1　木酢液の長期連用処理がシバの地上部生育量に及ぼす影響（白川ほか 1998）

播種したシバは、ライシバ、ノシバ、ケンタッキーブルーグラス、ベントグラス・ペンクロスの4種である。その結果、草丈は0.05％より低濃度では対照よりも大きくなるものもあったが、木酢液0.05％以上の処理ではいずれの場合も対照よりも悪い結果となった。根長では0.1％以下の低濃度で伸長促進作用が見られた。また、根部乾物重でも0.1％以下程度の低濃度で対照よりも大きい値を示すものがあった。

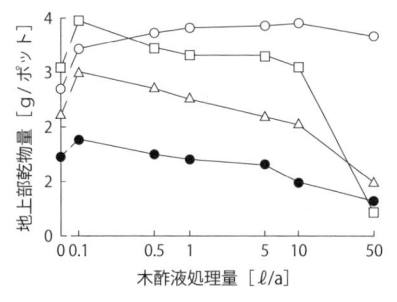

注1) ○-○：コウライシバ、●-●：ノシバ、△-△：ケンタッキーブルーグラス、□-□：ベントグラス・ペンクロス
2) 試験期間：1992.8.23〜1993.9.22

図2　木酢液の長期連用がシバの根部生育量に及ぼす影響（白川ほか 1998）

　根および草丈をともに5cmになるように切ったシバソッドを上記と同じように試験した結果は、処理液のpH調整をしてもしなくてもいずれのシバの場合にも0.05％以下の処理濃度では地上部と根部の双方の生育が対照よりもよい結果となった。

　木酢液を長期に連用するとどうなるだろうか。コウライシバの場合には1アール当たり木酢液0.1ℓ、1ℓでは地上部生育料は無処理区よりも成長がよかったが、10ℓ、50ℓでは生育は抑制された（図1）。ノシバでも同様な結果であったが、ケンタッキーブルーグラス、ベントグラス・ペンクロスでは生育は無処理区とほとんど差がないか、抑制されていた。

　根部も1アール当たり0.1ℓ程度ならば無処理区よりもよい生育を示したが、濃度が濃くなると逆に抑制された（図2）。

　以上のことから木酢液はシバに対して0.05％以下の低濃度で処理すれば生育を促進することが明らかとなった。また、木酢液をシバに長期連用して冬越しした場合には初期生育を向上させるということも明らかにされている。木酢液処理されていたシバは、冬を越えて春先にゴルフ場にいち早く緑をもたらすことになる。

　木酢液をシバに長期連用した場合の結果について次のようなこともわかっている（白川・深澤 1999）。コナラ、ミズナラ、クヌギを炭窯で炭化した際に得られた木酢液を1アール当たり0.1、0.5、1.5ℓの処理量となるように希釈し、50ℓにて定容後、コウライシバに散布し、木酢液散布は3年間36回行った。

表1 木酢液を長期連用処理期間中のコウライシバの地上部生育調査(白川ほか 1999)

木酢液処理量 (ℓ/a)	木酢液第1回目処理日から調査日までの経過日数(日)※と地上部生体重(kg/a)※※										
	1994年					1995年					
	89※ (5/24)	132 (7/6)	189 (9/1)	251 (11/2)	307 (12/28)	427 (4/27)	460 (5/30)	489 (6/28)	512 (7/21)	560 (9/7)	590 (10/7)
対照区	4.08※※	8.32	1.39	2.30	0.41	4.28	12.07	3.26	12.78	4.27	4.76
0.1	4.19	9.78	1.04	1.89	0.38	3.62	12.79	3.37	13.71	4.19	3.66
0.5	3.85	9.60	1.74	1.44	0.30	3.38	11.58	3.40	13.11	4.54	3.85
1	3.99	8.99	1.10	2.86	1.30	4.63	12.42	3.37	16.87	5.23	4.68
5	4.94	8.31	2.39	5.51	1.28	6.73	12.82	6.39	21.92	6.54	6.89

木酢液処理量 (ℓ/a)	木酢液第1回目処理日から調査日までの経過日数(日)※と地上部生体重(kg/a)※※						1997年	積算量 (kg/a)
	1996年							
	694 (1/19)	806 (5/11)	868 (7/12)	902 (8/15)	946 (9/28)	1002 (11/23)	1156 (4/26)	
対照区	5.00	12.80	8.43	4.77	5.44	1.42	2.41	98.19
0.1	5.28	13.25	8.98	4.55	5.06	1.53	2.36	100.02
0.5	4.37	13.25	10.67	5.25	6.29	1.61	2.63	100.91
1	6.45	14.90	12.21	6.63	9.76	2.61	3.04	121.42
5	7.22	14.74	13.53	8.72	10.29	4.01	4.04	146.32

( )内は調査日の(月/日)を示す。

表2 木酢液のコウライシバに対する長期連用処理が土壌のphに及ぼす影響(白川ほか 1999)

木酢液処理量 (ℓ/a)	最終処理(第36回目)後1カ月後の土壌pH
対照区	5.35
0.1	5.52
0.5	5.38
1	5.63
5	5.59

その地上部生育量の結果が**表1**である。木酢液1ℓおよび5ℓ処理区で生育量が大きい結果となった。木酢液散布による薬害もわずかに黄化葉が見られたほかは全く薬害は見られなかった。また、根長、根部重も対照よりも大きい結果となり、木酢液がシバの生育促進に効果があることが示されている。酸性の木酢液を散布すると土壌が酸性になる心配が生じる。そこで、土壌に36回散布した3年後に土壌のpHを測定すると対照区とほぼ変わらぬpHを示し長期連用しても土壌のpHの変化はないことも明らかにされている(**表2**)。木酢液長期連用処理後はシバの生育はどうなるのだろうか。長期処理後13カ月にわたりシバの生育状況を調べた結果、生育促進作用は持続しており、木酢液の処理量が多いほどその効果は大きいことが確認されている。

4-2 イネの生育に有効な木酢液

イネ苗の育成に木酢液が効果があることが以下の実験で市川らによって示されている(市川・太田 1982)。

育苗箱(60×30×3cm)に硫酸でpH4.5に調整した畑土壌、肥料、および木酢液を40％含有するバーミキュライト(用土)を混合した試験区を設け、これに催芽させた種籾を播種して稚苗を育成し、13日後の生育状態を見たのが**表1**である。木酢液の施用量が増えるに従って、葉齢が多くなり、草丈も伸び、生体重が増加する傾向を示している。しかし、第2葉鞘長が木酢液施用区で抑制される傾向を示した。

水田土壌(pH6.1)で上記と同様な条件で実験を行い、播種20日後に苗の生育を調べたところ葉齢、草丈、第2葉鞘長、生体重ともに同様な結果であった。

表1　イネ稚苗の生育に及ぼす木酢液の影響(市川ほか 1982)

育苗箱中の木酢液量(g)	葉齢	草丈 (cm)	第2葉鞘長 (cm)	生体重 (mg)
0(0)[4]	3.5	15.2±0.2	3.96±0.06	120.7±1.3
4(10)	3.5	14.8±0.2	3.77±0.05	121.3±1.3
8(20)	3.6	15.6±0.4	3.84±0.04	120.7±1.3
20(50)	3.6	15.1±0.3	3.71±0.05*	129.5±1.6**
40(100)	3.7	16.6±0.2**	3.61±0.06**	132.3±2.1**

注1) 播種13日後の測定結果。
2) 数値は稚苗100個体間の標準誤差を示す。
3) 対照(木酢液含有量0g)との間での有意差＊5％、＊＊1％。
4) ( )内数値は、木酢液を40％含有するバーミキュライトの量(g)。
5) 育苗箱は、土壌4.0kg、硫安7.5g、過リン酸石灰7.5g、塩化カリウム4.0g、所定量の木酢液を含む。

表2　水耕培養によるイネ稚苗の発根力に及ぼす木酢液の影響
(市川ほか 1982)

育苗箱中の木酢液量(g)	根長 (cm)	新根数 (%)	生体重 (mg) (%)
0	4.46±0.16	4.8±0.2　(100)	134.2±2.8　(100)
4	4.61±0.12	5.3±0.2　(110)	155.7±2.4**(116)
8	4.25±0.12	5.4±0.2*　(113)	144.1±2.1*　(107)
20	4.25±0.11	5.5±0.2*　(114)	158.4±2.9**(118)
40	4.81±0.12	6.2±0.2**(129)	162.2±2.2**(121)

注1) 水耕培養　4日後の結果。
2) 数値は稚苗40個体標準誤差を示す。
3) 木酢液0gとの間の有意差＊5％、＊＊1％。

表3　水田土壌におけるイネ稚苗の発根力に及ぼす木酢液の影響

(市川ほか 1982)

育苗箱中の木酢液量(g)	移植前		移植9日後	
	地上部重 (mg)	根重 (mg)	地上部重 (mg) (%)[2]	根重 (mg) (%)[2]
0	102.2	50.3	141.0 (38.0)	52.1 (3.6)
4	102.0	50.8	146.2 (43.3)	61.8 (21.6)
8	109.1	53.9	151.2 (38.6)	65.9 (22.3)
20	106.3	57.3	158.6 (49.2)	68.6 (19.7)
40	103.7	47.6	167.9 (61.9)	61.6 (29.4)

注1）数値は稚苗40個体の平均値。
　2）移植前重量に対する増加率。

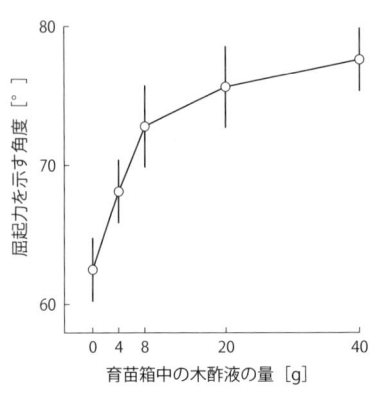

図1　イネ苗の屈起力に及ぼす木酢液の影響

(市川ほか 1982)

注1）播種13日後の苗を使用。
　2）垂直線は苗40本による95％信頼度を示す。

　播種13日後のイネ苗の根を茎基部より0.5cm残して剪根し、4日間水耕栽培して新根の発生程度を測定した結果が**表2**である。木酢液で処理したイネ苗は新根の発生本数、イネ苗の生体重が対照に比べて大幅に増加する傾向が示されている。

　播種20日後のイネ苗の根を茎基部より0.5cm残して剪根して水田土壌に移植し、9日後に地上部重量、根重を測定した結果が**表3**である。この場合には地上部重、根重ともに対照よりも大幅に大きな値を示し、移植後の対照の根が移植前の3.6％の増加であったのに対して木酢液を40g加えた場合には29.4％の増加を示し、根に木酢液の効果が強く現れることが明らかにされている。

　播種13日後のイネ苗を床土と一緒に土壌ブロック(3×3×3cm)として切り取って水深2cmのバット内に水平に倒して3日間静置して、第1葉と主茎の角度を測定し、屈起力の大きさを調べたのが**図1**である。木酢液処理された苗では明らかに無処理よりも屈起力が大きくなっており、その大きさは処理した木酢液の量に比例している。木酢液40gの処理では72.4°の立ち上がり角度を示した。

　このように木酢液は稚苗の生育を促進し、新根の発生を促し初期生育が促進

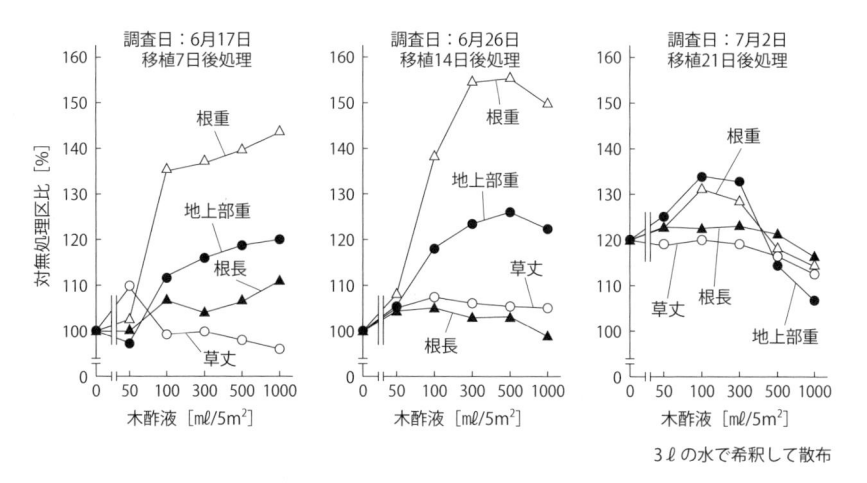

図2 木酢液をイネ移植後に処理した場合のイネの生育(白川ほか 1995a)
注1) 供試イネ：品種　日本晴
2) イネ移植日：1980.5 29、イネ2.7葉期、1株5本植え、1区2m×2.5m

されることが明らかにされた。このような木酢液の作用が、直接イネ苗に作用しているのか、あるいは土壌に作用し間接的にイネ苗に作用しているのかはこの段階では明らかではないが、イネの初期生育に木酢液が威力を発揮することには違いがない。この報告の著者は、木酢液がイネ苗の屈起力を増大させることに関連して、木酢液がオーキシン活性を増大させる作用があるのではないかということを述べている。

コナラ、クヌギ、ミズナラなどの広葉樹を主とした炭材を炭窯で炭化したときの木酢液（比重1.010～1.018、pH2.80～3.60）40％を含むバーミキュライトの所定量を混和した土壌にイネの種子を播種して、温室内で育成し、32日後に生育状況を調べると、草丈は12～14％の増加が認められたが風乾重では差が認められなかった（白川ほか 1995a）。根長でも木酢液の効果はみられ、4kg土壌の育苗箱に木酢液混和量12gの時には無処理区に対して150％の根長であった。植物の生育は養分を吸収する作用のある根の伸長に大きく影響されるので、木酢液が根の初期成長にプラスに働くことは、その後の生育にも大きく影響し、結果的には収穫時の収率の増加に関係してくる。

育苗箱（4kg容量）に育苗用肥料と所定量の40％木酢液含有バーミキュライト製剤を同時に混和して、催芽したイネ種子を播種し、土壌で覆土した後、17日間育苗後、圃場に移植し、生育が調査された。その結果、根を切って移

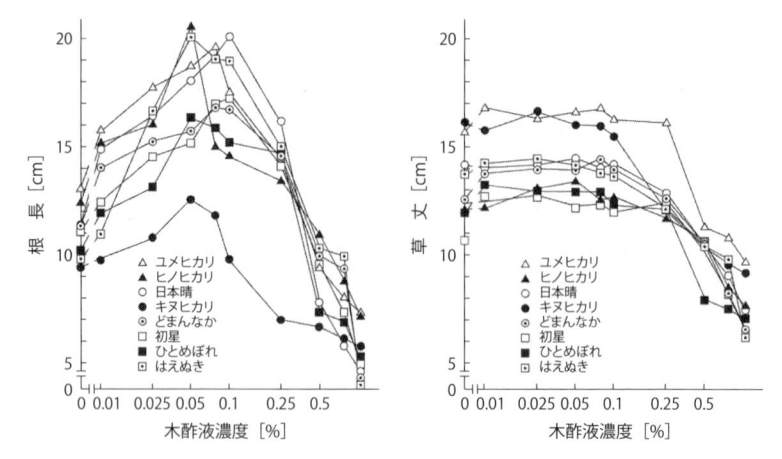

図3　木酢液処理がイネの根長および草丈に及ぼす影響（白川ほか　1995b）
注1）栽培：20～25℃、5,000 LUX、グロースチャンバー内、水道水（pH 5.0）
　2）期間：1992. 7. 27～8. 10
　3）1/10,000アール　プラスチック製ポット

植した剪根区、無剪根区のいずれも移植7日後に木酢液処理区では根重の増加が無処理区に比べみられ、移植後20日後では地上部重、根重のいずれも無処理区よりも増加の傾向にあった。特に剪根区での根重の増加率が大きいことから木酢液の発根促進作用が優れていることが指摘されている（白川ほか1995a）。

育苗箱で育てたイネ苗を圃場（1区　2×2.5 m）に移植し、水深5 cmに調整後、経時的に木酢液を水中に散布し生育を調べた結果が**図2**である（白川ほか1995b）。木酢液は50、100、300、500、1,000 ml/5 m^{2}の割合に3 l の水で希釈してジョウロで水中に散布した。地上部重、根部重はイネ移植後7～21日の間では100～300 ml/5 m^{2}の範囲で処理したものに対照よりも大きな結果となった。草丈、根長も含めると木酢液の最適処理量は100～300 ml/5 m^{2}であるといえる。

イネの生育と木酢液の相性はイネの品種によって異なるかもしれない。そこでイネの品種毎の試験をした結果が**図3**である。図から明らかなように品種によって木酢液の効果には多少の差はあるものの供試品種のいずれにも根長の伸長促進作用はみられ、その最大の効果は0.05～0.1％の範囲にある。これに対して草丈の方は0.1％以下の処理濃度で大きな影響は見られなかったが、それ以上の濃度では生育抑制がみられた。

また、8～10℃のグロースチャンバー内で7日間育成した苗を剪根し、その

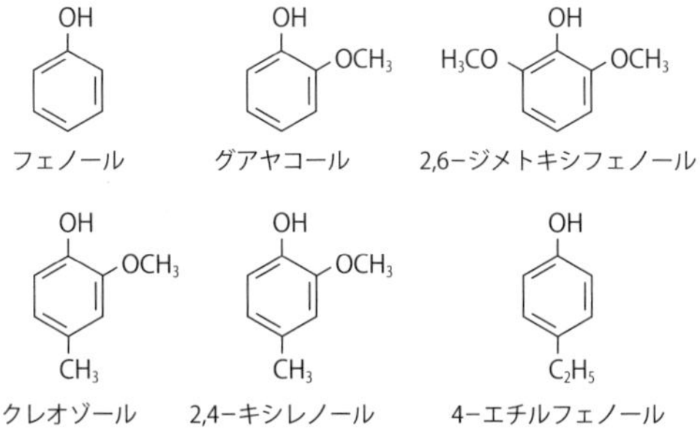

OH	OH OCH₃	H₃CO OH OCH₃
フェノール	グアヤコール	2,6-ジメトキシフェノール
OH OCH₃ CH₃	OH OCH₃ CH₃	OH C₂H₅
クレオゾール	2,4-キシレノール	4-エチルフェノール

図4 木酢液に含まれる主なフェノール類(白川ほか 1995d)

後20〜25℃で生育を調査した結果からは、木酢液はイネ苗の耐寒性を向上させ、活着を促進することも確認されている(白川ほか 1995a)。

　イネの生育には木酢液のどのような成分が関係しているのか。木酢液は多成分の混合物で、通常200種類、あるいはそれ以上の数の成分が含まれていることが知られている(谷田貝ほか 1991)。第1章で述べたように主な有機成分は酢酸を主とする酸類で、ほかにクレゾールなどのフェノール類、エステルなどの中性物質、メタノールなどのアルコール類である。木酢液は植物成長促進作用、殺虫作用、消臭作用など、その働きは広い範囲におよぶが、これらの成分の相乗作用によることが多いと考えられる。しかし、基本的にはそれぞれ個々の成分の働きがあって相乗的に効果が現れること多いと考えられるので、まずは個々の成分の働きを見極めることは大切である。

　イネ種子を対象に酢酸、プロピオン酸、イソ酪酸、カプロン酸などの木酢液中の主要な有機酸類のイネ初期成長に及ぼす影響を調べた結果では(白川ほか 1995c)、草丈はいずれの酸でも10 ppm以下では無処理区とほとんど差がないが、100 ppm以上では急激に減少している。根長では10 ppmの濃度で供試したいずれの酸も多かれ少なかれ無処理区よりも大きい値を示し、特にイソカプロン酸、カプロン酸、チグリン酸でその効果が大きかった。しかし木酢液の500 ppmと比べると劣っているので、このことからも個々の成分の相乗作用の可能性も考えられる。

　地上部の茎葉重、根重は10 ppmまでは無処理区とほぼ同じであるが、100〜1,000 ppmでは無処理区より大幅な減少がみられる。

　このようなことからこの報文の著者白川氏らは有機酸類を根の伸長を目的として処理する場合は10 ppm前後が最適であるとしている。

表4 出穂期における地上部および地下部乾物重ならびに根の呼吸速度(続ほか 1989)

	地上部乾物重(g)		地下部乾物重(g)		根の呼吸速度(CO_2 mg/g.hr)	
	1987	1988	1987	1988	1987	1988
無施用区	34.0	38.5	12.9	17.8	1.61±0.2	1.19±0.1
サンネッカE	46.0 (135)	45.8 (119)	15.9 (123)	19.7 (111)	1.75±0.2 (109)	1.58±0.7 (133)*

注)( )内は無施用区に対する比率、＊：5％水準で有意差のあることを示す。

表5 収穫時の形態ならびに収量および収量構成要素(続ほか 1989)

	稈長 (cm)		穂長 (cm)		穂数 (本/株)		1穂籾数 (個)		登熟歩合 (%)		千粒重 (g)		玄米収量 (kg/10a)	
	87	88*	87	88	87	88	87	88	87	88	87	88	87	88
無施用区	72	82	16.3	16.4	18.1	19.8	53	76	89	83	21.7	20.9	485	519
サンネッカE	74 (103)	84 (102)	16.8 (103)	16.4 (100)	22.8 (126)	21.3 (108)	52 (98)	79 (104)	87 (98)	79 (95)	21.3 (98)	21.1 (101)	569 (117)	510 (98)

注)＊：実験年度、
　（　）内は無施用区に対する比率、
　87：1987年、88：1988年。

　図4に示す木酢液中のフェノール成分でイネ種子の初期成長を調べた結果、フェノール、グアヤコール、2,6-ジメトキシフェノール、4-エチルフェノールが草丈および根長の成長を促進し、その最適濃度は10ppmで、それ以上の濃度では無処理区に比較して生育は抑制された。特に生育促進効果の大きかったのは、2,6-ジメトキシフェノールで10ppmの場合に無処理区よりも84％増となった(白川ほか 1995d)。

　多孔質の木炭は表面積が大きいので吸着性がよく、吸水性や透水性に優れているので最近、土壌改良材として土壌に施用されている。植物生育促進作用のある木酢液を混合し多木炭〜木酢液配合物もまた、作物栽培に施用されている。ここでは木酢液配合木炭のイネの生育および収量に及ぼす影響をご紹介する(続ほか 1989)。

　木酢液1に対して木炭4(容量)の割合で混合した混合物を水田に施用して実験は行われた。この混合物はサンネッカEの名で実際に市販され、実用化されている。実験は2年にわたり2回繰り返された。1年目は水田30アールを2分して、片方を木酢液〜木炭混合施用区、もう一方を無施用区として、施用区にはサンネッカEを10アール当たり200kg与えている。施用区、無施用区のそれぞれに基肥、穂肥も施用した。2回目は30アールの水田を4区に分けてサンネッカE施用区、無施用区を設けて2反復とした。コシヒカリの稚苗を機

表6 サンネッカE施用の草丈、第2葉鞘長および乾物重に対する影響（育苗箱）
（続ほか 1989）

	草丈 (cm)	第2葉 鞘長 (cm)	地上部 乾物重 (mg/20本)
無施用区	15.4 ± 1.8	4.5 ± 0.4	127 ± 6.0
サンネッカE (100g)	16.6 ± 1.0 (108)*	4.5 ± 0.4 (100)	143 ± 6.0 (113)
(200g)	17.7 ± 0.9 (115)**	4.8 ± 0.4 (107)*	150 ± 10.0 (118)

注）（ ）内は無施用区に対する比率、＊、＊＊：5％、1％水準で有意差のあることを示す。

表7 サンネッカE施用の発根数および根長に対する影響
（続ほか 1989）

	発根数（本）	根長(cm)
無施用区	4.3 ± 0.8	3.1 ± 1.7
サンネッカE (100g)	4.9 ± 1.0 (114)**	3.8 ± 1.8 (123)*
(200g)	5.9 ± 1.0 (137)**	3.5 ± 1.8 (113)

注）（ ）内は無施用区に対する比率、＊、＊＊：5％、1％水準で有意差のあることを示す。

械移植し、その後の生育状況が調べられている。それによると出穂期では処理区の草丈、茎数が無処理区のそれに比べて大きい年と差がみられない年があった。**表4**に示す出穂期の地上部、地下部乾物重、根の呼吸速度の比較では、いずれの年においてもサンネッカE施用区の方が大きい値を示した。**表5**は収穫時の形態および収量を示している。

稈長、穂長、1穂籾数、登熟歩合、玄米千粒重のいずれも無施用区、施用区の間に差はほとんどみられなかったが、穂数は両年とも施用区が多く、玄米収量では穂数の多かった1987年の玄米収量が施用区に比べて17％の増収だった。

育苗箱にサンネッカEを施用しイネ幼苗の生育を調べた結果、サンネッカ100g、200g施用区の双方とも無処理区に比べ草丈は有意に伸長し、地上部乾物重も増加していた（**表6**）。発根数も処理区では無処理区に比べ有意に多く、根も長くなっていた（**表7**）。同様な実験は砂耕実験、水耕実験でも行われ、いずれの場合にも草丈、根の伸長作用がみられた。また、木酢液を施用すると0.025％程度の低濃度ではイネの分枝根の発生が多くなり、根の伸長も促進されることが確認されている（**図5**）。しかし、この効果も濃度が高くなると減少した。

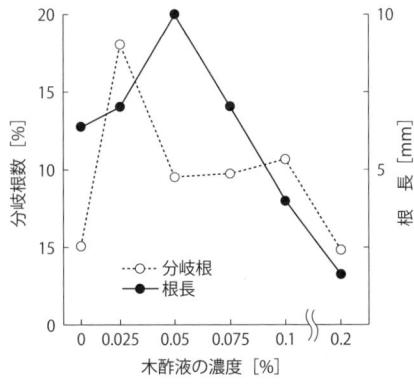

図5 木酢液の根の成長に対する影響
（続ほか 1989）

4-3 サツマイモへの効果

　木酢液がサツマイモ幼苗の生育に及ぼす影響も調べられている。次に示すのは木酢液を5,000、4,000、3,000、2,000倍に希釈し、その200mℓを200mℓの三角フラスコに入れ、そこに5葉を有するサツマイモ幼苗を浸漬し、三角フラスコを黒ビニールで覆い、照度10,000ルクス、25℃の陽光定温器で10日間育てた結果である（杜ほか 1998）。木酢液は南九州地区の常緑広葉樹の炭化によって得られたものである。それによると、幼苗を木酢液に浸漬することによって根の発育が促進され、3,000、4,000倍希釈液でその傾向は大きい結果となっている。**図1**は根の成長の様子を示したものである。5,000、4,000、3,000倍希釈で根数、および根の乾物重が有意に増加している。2,000倍希釈では対照との大きな差は認められなかった。また、根長では対照との間に有意な差はなかった。

　木酢液配合木炭「サンネッカE」を配合した土壌でのサツマイモ幼苗の生育も調べられている。1/2,000aワグナーポットに土壌（無肥料の焼土）、基肥とし

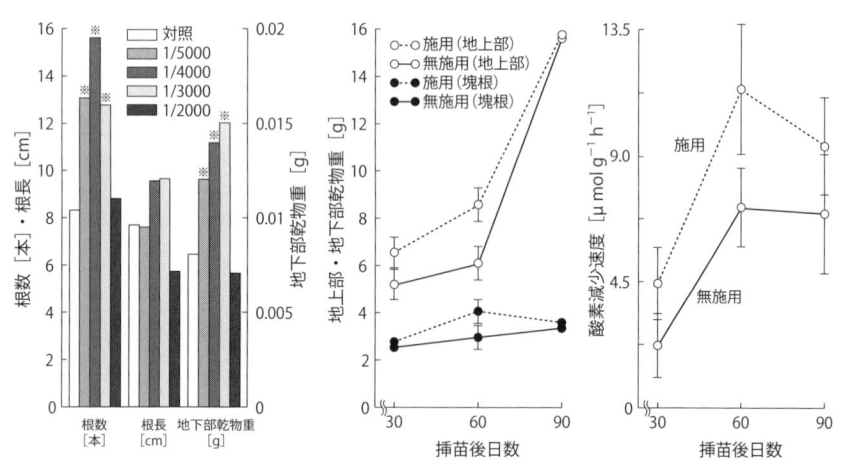

図1　サツマイモ幼苗の地下部の生育に対する木酢液の影響（杜ほか 1998）
　注）※は5％水準で対照区と有意差のあることを示す。

図2　サツマイモの地上部及び地下部乾物重に対するサンネッカEの影響（杜ほか 1998）

図3　サツマイモの根の活性に対するサンネッカEの影響（杜ほか 1998）

表1 サツマイモの地下部の生育に及ぼすサンネッカEの影響

(杜ほか 1998)

挿苗後日数	塊根 (g plant^{-1})		梗根・細根 (g plant^{-1})	
	無施用	施用	無施用	施用
21	0.2 (100)	0.4 (200*)	2.7 (100)	3.4 (126*)
42	10.3 (100)	14.2 (138*)	4.6 (100)	4.8 (104)
63	135.9 (100)	154.4 (114*)	3.9 (100)	4.7 (121)

注) ( )内は無施用区に対する割合を示す。＊は5％水準で有意差のあることを示す。1996年コンテナ実験。

てチッソ、リン酸、カリをポット当たりそれぞれ0.25、0.5、0.6ｇ与え、堆肥50ｇを施し、これに8葉を有するサツマイモ幼苗を植えつけた。これにさらに上記の木酢液配合木炭7.5ｇを加えて成長具合が観察された。**図2**はその結果である。地上部、塊根乾物重はともに30日以降60日までは対照よりも増加の傾向にあるが、90日後には対象との差がなくなっている。**図3**は根を水中に入れる前と入れて取り出した時の溶存酸素の減少量で判断した根の活性度を示している。これによると木酢液配合木炭を施用することで植えつけ後90日目まで根の活性が続いていることがわかる。

プラスチック製コンテナでも同様な実験が行われている。その結果、植え付け後40日を過ぎると木酢液配合木炭の施用区では無施用区に比べて葉面積、地上部乾物重が上回っていた。地上部のチッソ濃度では葉身、茎の濃度が無施用区に比べ施用区は増加し、土壌部では下回っていた。サツマイモ葉の葉緑素含量は施用区が無施用区よりも大きく、また、光合成速度は施用区の方が無施用区よりも大きかった。これらの結果は、サツマイモ地下部の生育にも影響し、施用区では無施用区に比べて塊根、細根などの重量が上回る結果となった（**表1**）。

これらの実験結果からは、木酢液配合木炭を施用することによってはサツマイモの根が活性化され、土壌中のチッソ吸収が促進され、それに伴って地上部チッソ濃度も増大すること、葉緑素含量・葉面積の増大・光合成速度を増大させ、サツマイモの塊根重を増加させることがわかる。

4-4　サトウキビへの効果

　広葉樹樹皮木酢液と木炭を容量比で1：4に混合した木酢液配合木炭でのサトウキビへの影響も調べられている(Uddin 1994)。木酢液配合木炭を10アール当たり200、400、800 kg施用した結果、春植および株出サトウキビのいずれも茎数、茎長は木酢液配合木炭配合によって対照よりも大きな値を示し、400 kgの時にもっとも高い値を示した。原料茎、ショ糖収率も対照よりも大きな値を示し、原料茎では2～16％の増収、株出では23～36％の増収で、いずれも400 kgの場合に最高値を示した。ショ糖収率は春植で4～21％、株出で25～44％の増収であった。ショ糖の場合にも春植、株出のいずれも400 kgの時が最も高い値であった。また、夏植サトウキビを用いて根系の分布が水平方向、垂直方向とも各分布域において根重密度が木酢液配合木炭の場合に対照よりも高いことも明らかにされている(Uddin 1995)。この場合にはショ糖収率は200～800 kgの木酢液配合木炭の施用で19～31％の増収になっていて、この場合も10アール当たり400 kg施用の場合が最も高い値であった。

　木酢液が野菜などの成長を促進させ、収量を増加させることはよく知られている。しかしながら、散布濃度が濃すぎたり、あるいは精製されていない木酢液を使えば、逆に成長を阻害し、最悪の場合には枯死させてしまう。このことは適度の濃度の木酢液は作物に成長促進の働きをし、濃度が濃ければ雑草防除の働きをすることも意味している。このように木酢液には2面性がある。木酢液の2面性は、濃度によるばかりでなく、含まれる成分も原因している。成長促進物質を含んでいるが、逆に阻害成分も含んでいる。阻害成分の一つは、木酢液を静置しておくと下に沈んでくる沈降タールである。そこで、炭焼きの時に出てくる煙を凝縮したばかりの粗木酢液を数カ月静置して下に沈んだ沈降タールと木酢液の上層に浮かんだ軽質油を除いた木酢液を使用することが推奨されている。第11章の規格の項でも説明しているように、木酢液、竹酢液の品質を認証する木竹酢液認証協議会では90日以上の静置を規格として決めている。

4-5　野菜・果樹類への効果

　次に具体的に木酢液が野菜の成長にどのように影響するかをハツカダイコンの種子を用いてシャーレ上で発芽、成長を調べた結果をご紹介する。表1はその結果である。アカマツ、ヒノキ、カラマツ、クヌギ、ユーカリの木酢液を用いて播種1日後、4日後のコントロールに対する発芽率、4日後の幼根と胚軸の成長率が調べられている（Yatagai & Unrinin 1987）。これらの木酢液のpH値は2.30～3.40で、酢酸含量は10％以下であった。アカマツ、ヒノキ、カラマツの針葉樹木酢液はハツカダイコン種子の発芽を促進（播種1日後の発芽率111～165％）させるが、クヌギ、ユーカリの広葉樹木酢液では逆に発芽を遅らせている。しかし、4日後にはユーカリを除いて針葉樹木酢液も広葉樹木酢液もおよそ90％以上100％に近い発芽率を示し、播種後最初の数日では発芽の速度に違いがあるものの、4日目にはほぼ全部の種子が発芽していることがわかる。幼根成長は針葉樹木酢液で促進されているが、胚軸の成長はいずれの木酢液でも抑えられ気味である。針葉樹木酢液で幼根成長が良いのは播種1日目の発芽

表1　木酢液のハツカダイコンに対する発芽・成長作用（Yatagai et al. 1987）

樹　種	希釈度（倍）	発芽率(%)		幼根成長率(%)	胚軸成長率(%)
		1日後	4日後		
アカマツ P. densiflora	1000 10000 100000	118.8 134.4 143.8	96.6 96.7 100.0	113.3 ± 1.4 149.3 ± 1.1 144.4 ± 1.2	75.3 ± 0.1 99.4 ± 0.1 88.2 ± 0.1
ヒノキ C. obtusa	1000 10000 100000	121.9 146.9 165.6	84.5 100.0 103.4	91.9 ± 0.2 127.4 ± 0.2 120.9 ± 0.2	94.1 ± 0.1 108.0 ± 0.1 114.1 ± 0.1
カラマツ L. leptolepsis	1000 10000 100000	111.1 131.1 111.2	94.8 103.4 98.3	114.0 ± 2.4 118.8 ± 2.1 112.0 ± 2.4	89.8 ± 0.1 93.5 ± 0.1 93.5 ± 0.1
クヌギ Q. acutissima	1000 10000 100000	63.3 83.5 83.3	96.2 100.0 95.4	80.0 ± 0.3 93.3 ± 0.4 96.0 ± 0.3	87.5 ± 0.1 94.2 ± 0.1 107.7 ± 0.1
ユーカリ E. grandis	1000 10000 100000	30.0 30.0 73.3	38.7 79.2 95.0	66.7 ± 0.3 93.3 ± 0.2 95.0 ± 0.2	81.7 ± 0.1 97.1 ± 0.1 92.3 ± 0.1

注1）種子20粒を用いて3回繰り返された。
　　数字はコントロールを100.0とした時の発芽・成長率。
　2）4日後の成長率。95％信頼度。

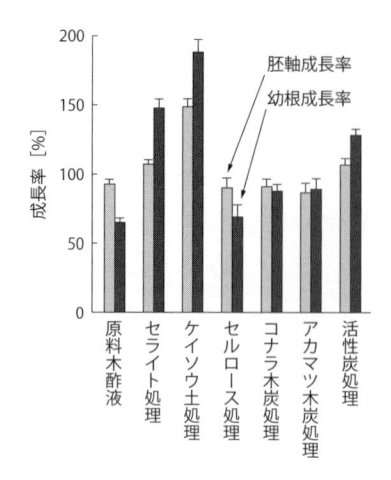

図1 担体処理アカマツ木酢液のハツカダイコンに対する成長促進作用 (Yatagai et al. 1987)
注）播種4日後の成長率　対照するパーセント

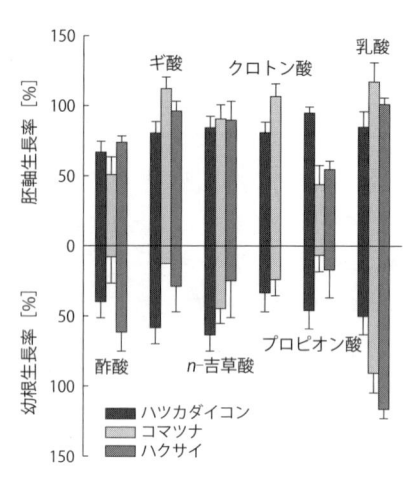

図2 0.01％における木酢液成分の成長制御作用 (Yatagai et al. 1987)
注）コントロールを100％とした時の成長率

率が良いことが影響している。

　ハクサイの場合には針葉樹、広葉樹木酢液共に播種1日後の発芽率はコントロールよりも高く幼根の成長も促進されているが、胚軸の成長はアカマツ、ヒノキ木酢液で促進されているものの他のカラマツ、クヌギ、ユーカリ木酢液ではコントロールよりも劣っている（Yatagai & Unrinin 1987）。このように木酢液の野菜種子に対する作用は野菜の種類、木酢液の種類によって差があることがわかる。

　各種担体で吸着ろ過させて精製した木酢液では種子の発芽、成長はどのようになるだろうか。**図1**はセライト、ケイソウ土、セルロース粉末、コナラ木炭、アカマツ木炭、活性炭で処理したアカマツ木酢液でハツカダイコン種子の発芽、成長を調べた結果である。発芽率は播種1日後にはそれぞれの木酢液によってばらつきがあるが、4日後にはほぼ全部の種子が発芽している。幼根および胚軸の成長率はセライト処理、ケイソウ土処理活性炭処理でコントロールよりも大きな成長を示している。さらにこの実験で用いた担体未処理のアカマツ木酢液（表中原料木酢液）では幼根、胚軸ともにコントロールよりも成長がかなり抑えられていることから、担体処理によって木酢液中の阻害成分が取り除かれたか、あるいは担体から成長促進作用のある成分が溶け出している可能性も考えられる。特にケイソウ土処理木酢液では高い成長率が観察されている。

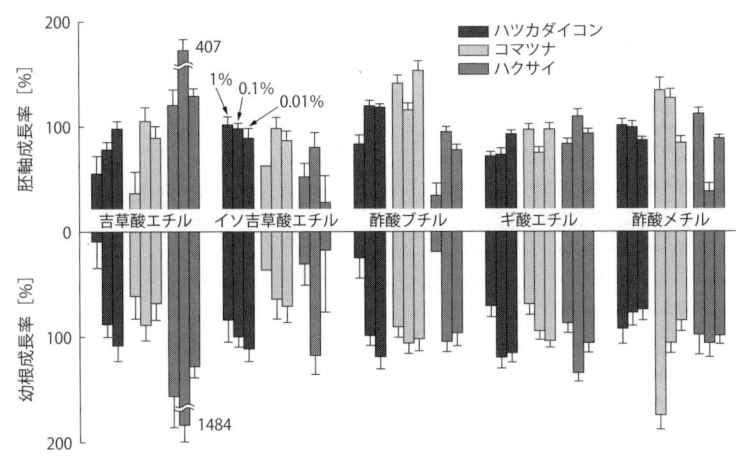

図3 エステル類の植物種子に対する成長制御作用(Yatagai et al. 1989a)
コントロールの成長率を100%とした時の成長率

　木酢液には極微量成分まで含めると200種類に近い化合物が含まれていることが知られている。しかし、それらの中でも植物の成長に直接かかわっているのは数十種類である。それらの成分のあるものは成長促進作用があり、また、あるものは阻害作用がある。そこで、野菜種子を用いて木酢液中の主な成分の作用を調べたのが以下に示すものである。

　図2は木酢液中の代表的な酸類がハツカダイコン、コマツナ、ハクサイの幼根、胚軸の成長に及ぼす影響を示したものである(Yatagai & Unrinin 1989a)。**図2**での酸類の濃度は0.01%であるが、それよりも濃い0.1、1%では乳酸以外はすべて発芽が抑えられている。**図2**では乳酸がコマツナの胚軸成長を促進し（コントロールに対しておよそ120%）、ハクサイの幼根の成長を促進させている（およそ120%）ほかは、ギ酸、クロトン酸がコマツナの胚軸に対して若干の成長を促進させているのみで、他の化合物は成長を阻害している。クロトン酸の場合のようにハクサイの発芽を完全に抑えているが、コマツナでは順調に発芽し、胚軸の成長を促進させるようなものもある。化合物の野菜種子に対する作用は一様ではなく差があることがわかる。乳酸のような例外はあるものの、概していえば酸類はこの試験で用いられた化合物の濃度では成長を抑える方向に働き、それも胚軸よりも幼根の成長を強く抑えていることがわかる。しかし、これはあくまでこの濃度での作用であって木酢液をさらに希釈した場合の作用についてはこの結果からでは判断できない。

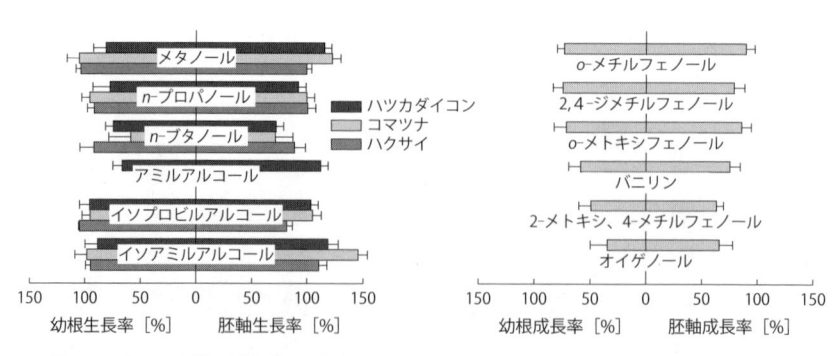

図4 アルコール類の植物種子に対する
発芽成長阻害作用（Yatagai *et al.* 1989b）
注）コントロールを100％とした時の成長率（％）、
アルコール類濃度：0.01％

図5 フェノール類のコマツナ種子に対する
成長制御作用（Yatagai *et al.* 1989b）
注）フェノール類の濃度：0.01％
コントロールの成長率を100％とした時
の成長率。

　図3は主なエステル類のハツカダイコン、コマツナ、ハクサイに及ぼす影響を調べたものである（Yatagai & Unrinin 1989a）。吉草酸エチルではハクサイの場合に胚軸がコントロールに対して407％、幼根が1,484％の成長促進を示している。ほかのエステル類でも酢酸メチル、n-酢酸ブチルのコマツナに対するように明らかに成長を促進させているものが目立つ。ここで試験された濃度では酸類は成長阻害的に働き、エステル類は成長を促進させる方向に働いており、阻害作用があるにしても酸類に比べるとその程度は低い。

　図4は木酢液に含まれる主なアルコール類の上記3種の野菜種子に対する成長促進・阻害作用である（Yatagai & Unrinin 1989b）。これらのアルコール類の播種4日後の野菜種子に対する発芽阻害作用は1〜0.01％の濃度範囲で、二、三の例外はあるものの、小さいか、あるいはほとんどみられなかった。アルコール類にはメタノール、イソアミルアルコールのように、幼根、胚軸の成長を促進するものがあり、特にイソアミルアルコールでは0.01％濃度でコマツナの胚軸率が150％を示している。n-プロパノールとイソプロピルアルコール、アミルアルコールとイソアミルアルコールに見られるように、直鎖状アルコールと枝分かれアルコールでは後者の方が成長促進作用が大きい傾向にあった。また、直鎖状のアルコールを比較すると、炭素数が多くなるにつれ成長阻害作用が大きくなる傾向が見られた。すなわち、メタノール、n-プロパノール、n-ブタノール、アミルアルコールの順で野菜種子の成長阻害作用が大きくなる傾向にあった。

フェノール類は上記三種の野菜種子に対して1〜0.01％で発芽、成長を強く阻害した。図5はそのフェノール類の一部の0.01％での幼根、胚軸に対する影響を示したものである（Yatagai & Unrinin 1989b）。いずれの場合もコントロールよりも小さな値になっている。この図からはオルト置換フェノールのパラ位置に置換基がつくとさらに阻害作用が強くなることがわかる。すなわち、o-メチルフェノールよりも2,4-ジメチルフェノール、o-メトキシフェノールよりもバニリン、2-メトキシ-4-メチルフェノールよりもオイゲノールの方が阻害作用が強い。また、フェノール類の阻害作用は胚軸よりも幼根の方に大きく現れることも認められている。

木酢液成分の野菜種子に対する発芽、成長作用を、酸、エステル、アルコール、フェノール類ごとに見た以上の結果からは、エステル類、アルコール類には成長促進の傾向があり、酸、フェノール類には阻害作用の傾向が見られる。ただし、それは1〜0.01％の濃度の範囲内での結果であり、濃度の希釈度を変えることによって作用が変わる可能性も十分に考えられる。フェノール類には強い阻害作用があるので、静置処理による重合でフェノール類の占める割合を低減させるか、蒸留などの精製によって高沸点部に現れるフェノール類を除く操作で、フェノール類を少なくすることが、木酢液の作物などへの成長阻害作用を軽減させることにつながる。

木酢液の作用はレタス、クレソン、ミツバ、シュンギクを用いても調べられている（上原ほか1993）。ナラ材を主体とした広葉樹を550℃で乾留して得られて粗木酢液を半年間静置して沈降タールを除いた木酢液（木酢液原液）、この蒸留木酢液、および木酢液原液のエーテル抽出液とその酸性成分、中性成分、フェノール性成分が試験に供与された。

木酢液原液ではいずれの種子も100倍希釈で発芽を完全に阻害した。10^3あるいは10^4以上の希釈液では二、三の例外はあるもののおおよそ4日目には100％の発芽を示した。このことからも木酢液そのものを添加するには10^4以上の希釈倍数が正常に発芽させるにはよいことがわかる。蒸留木酢液を用いた場合はミツバで10^5〜10^6倍希釈の時にそれぞれコントロールの100％に対して120、112％、シュンギクで10^6倍希釈で142％の胚軸成長促進効果が認められたが、それ以外の濃度ではコントロールと同等か、むしろ成長が抑えられている結果も見られた。エーテル抽出液ではいずれの種子でもその胚軸の成長はコントロールよりも低く抑えられていることが多い。

エーテル抽出物をさらに分画して得られた酸性成分はレタス、クレソンで10^6倍希釈液程度の濃度でコントロールよりも胚軸成長が多少よくなるが、それよりも高濃度では全般的にコントロールよりも成長が悪く、特にミツバの場合にはかなり成長が抑えられていた。

中性成分、フェノール性成分の場合にもコントロールよりも成長が抑えられている場合もあるが、10^6倍希釈程度で成長率が100％を超えるものが出てきている。これらのことを見ると前述の**図2**の酸類、**図5**のフェノール類では1～0.01％の濃度での酸類、フェノール類の成長阻害作用が示されているが、10^6倍希釈程度にまで濃度を低くすると成長促進作用が現れてくることがわかる。木酢液原液の10^4倍希釈液でクレソンの水耕栽培を行った結果、15％の増収があったことも報告されている。

タケを炭化したときに得られる竹酢液も木酢液同様の成分を含み、木酢液同様、植物に対して成長阻害・促進作用をする。モウソウチク、マダケの竹酢液、およびそれらのエーテル抽出液とその酸性部、中性部、フェノール部のレタス、クレソン、ミツバ、シュンギクの種子に対する影響が調べられているが(Mu *et al.* 2003)、その結果では、モウソウチク、マダケ竹酢液原液およびその蒸留液では、4種の種子に対して強い発芽阻害作用を示し、有機成分の濃縮されたエーテル抽出液、酸性部、中性部、フェノール部では10^3倍希釈でも完全に発芽を阻害した。竹酢液原液、蒸留竹酢液では10^3～10^4倍希釈で1日目には発芽が促進されるかコントロールに近い発芽率になった。抽出液ではレタスの場合に一日目の発芽が芳しくないものの10^4以上の希釈倍でコントロール同等の発芽になっている。

マダケ竹酢液が胚軸に及ぼす影響を調べた結果では、クレソンを例外として他の種子では竹酢液原液、蒸留竹酢液、抽出液のいずれも10^4倍希釈以上の希釈倍で成長促進作用を示しており、特にシュンギクの場合、酸性部、中性部がコントロールの2倍以上の成長率を示している。モウソウチク竹酢液の場合にはマダケのように顕著ではないものの促進作用認められる。

次に実際に野菜などの作物に木酢液を施用した場合の効果の具体例をご紹介する。

次に示す例は、ラジアータパインの樹皮、およびスギ背板を乾留炉で炭化し、煙道口温度80～150℃で採取した粗木酢液、およびこれらを蒸留して得た蒸留木酢液を用いてトマト、ナス、およびメロンの初期生育をみたもので

ある(中島ほか 1993)。報告にある大学構内で採取した土壌(詳細は文献参照)とバーク堆肥を体積比で1：1に混和した土壌に燐加安肥料をN、P、Kが250 kg/ha、苦土石灰が1,200 kg/haとなるように施肥した土壌1.2 kgを充填した直径15 cmのビニルポットで試験は行われている。この土壌に催芽種子を植え、トマト、ナスについては10、10^2、10^3、10^4倍に希釈した木酢液を週2回葉面散布すると同時に、同じ希釈木酢液を150 mlずつ土壌に灌水する処理をおよそ30日間行った。メロンの場合には10^2、10^3、10^4、10^5倍に希釈した木酢液を隔日に150 mlを灌水する処理をやはりおよそ30日間行っている。その結果、トマトの茎長はいずれの木酢液でも10^2〜10^4倍希釈でコントロールの水施用区よりも高く推移し、10倍希釈では水施用区よりも低いか同等に推移した。また、10^4希釈区では10^2〜10^3倍希釈区よりも低く推移した。木酢液の原材料による違いはほとんど認められなかった。

ナスの場合にもほぼ同じような結果となっている。メロンの場合には少し低めの10^4倍希釈程度で生育が促進された。これらからトマト、ナスの場合には10^2〜10^3倍、メロンの場合には10^4倍に希釈して施用することで生育促進効果が得られることが明らかにされた。また、10倍程度の希釈では逆に濃すぎて生育が抑制されることもわかった。この場合にも木酢液の希釈濃度が重要であることを示している。いずれの場合も木酢液の原材料の違いによる茎長への影響の差は認められなかった。また、トマトの場合には生育の促進に対応してチッソ吸収量の増大が認められている。

次に示す例は広葉樹木酢液と木炭を容量比で1：4に混合した木酢液配合木炭でメロンを栽培したその糖度の変化を見たものである(杜ほか 1997)。

木酢液配合木炭を施用して栽培したメロンは地上部、地下部の乾物重では対照と施用区で差は認められなかったが、葉面積では施用区の方が大きく、根の活性度でも施用区の方が大きかった。果実重では対照区よりも施用区の方が大きいものもあったが、逆に小さいものもあり、大小を一概に決めることはできなかった。ショ糖含量は試験をした年次によって多少のばらつきがあったが、施用区でいずれの試験でも増加する傾向にあり、対照区に対して9〜28％増加していた。

栽培過程でのメロン中のスクロース、グルコース、フルクトースの含量の一例を示したのが**図6**であるが、これによると受粉後45日以降で処理区ではグルコース、フルクトースの含量が下がり、スクロース含量が無施用区の含量を

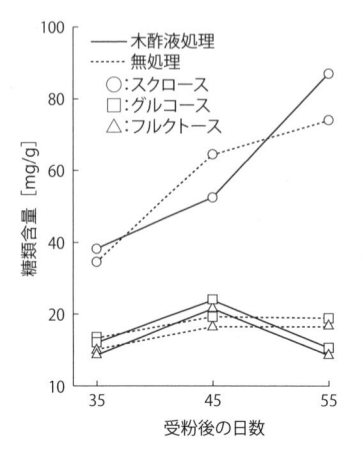

図6 木酢液使用によるメロン栽培過程での糖類含量（杜ほか 1997）

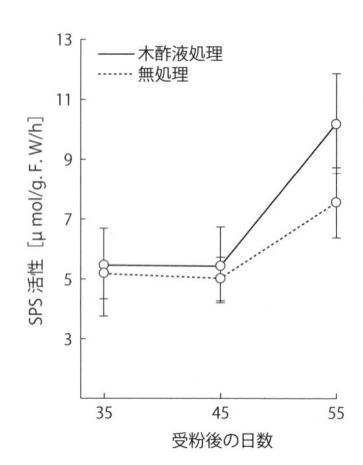

図7 木酢液添加メロン栽培におけるスクロースリン酸合成酵素（SPS）活性
（杜ほか 1997）

超えて急激に増加していることがわかる。さらに、受粉後のスクロースリン酸合成酵素（SPS）の活性を測定したのが **図7** であるが、これを見ると45日目までは施用区、無施用区の差はないが、その後施用区のSPS活性が高くなっていることがわかる。

これらのことから木酢液配合木炭の施用によって果実のスクロース含量が増加する傾向にあり、SPS活性を高め、グルコース、フルクトースからスクロースへの合成が促進されて、成熟果実のスクロース含量が増加することが推察されている。

日本ナシ3品種（豊水、幸水、新光）の若芽の増殖を培地で行う際に木酢液を添加してその影響を調べた結果も報告されている（Kadota et al. 2002）。日本ナシの剪定枝を乾留炉で500℃まで加熱し、そのとき得られた凝縮液を6カ月暗所に静置し沈降したタール部分を除いた上澄みの木酢液が実験には使用された。木酢液濃度0.001、0.01、0.1％になるように調整された培地で行われた若芽の増殖試験ではいずれの濃度でも木酢液を添加しなかったコントロールに比べて増殖数は低く、また、重量も低く抑えられた。また、根の長さには影響がみられなかったものの、根の数は豊水で0.01、0.1％、幸水、新光で0.1％の場合にコントロールよりも多くなったことが報告されている。

4-6　ケナフへの効果

　一年生草本であるケナフはアフリカ原産のアオイ科の植物で、成長が早く栽培も容易なので、二酸化炭素を吸収し地球温暖化を防ぐ好材料であり、製紙原料やボード原料として将来を期待されているバイオマスの一つである。インド、バングラデシュ、タイなどのアジア地方では繊維利用を目的としてケナフをこれまでも栽培してきている。わが国でも最近になりケナフを栽培する気運が高まり、収穫されたケナフは紙となりエコ製品として市販されるようになってきた。アフリカや東南アジアなどの比較的気温の高い地域でよく栽培されているが、わが国では関東地域の比較的温暖な地域までも栽培が可能である。そのようなケナフであるが、ケナフに木酢液を施用したらどうなるだろうか。次に示す例は、埼玉県秩父地方の休耕農地で、複数の針葉樹を炭材とした木酢液（針葉樹ブレンド木酢液）、アカマツ木酢液、コナラ木酢液の3種の木酢液を5

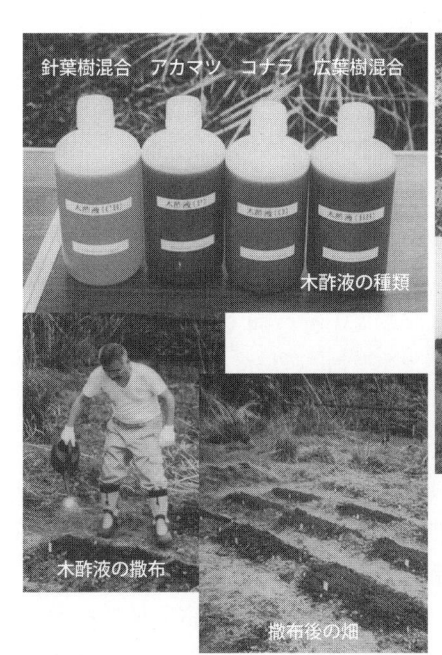

写真1　木酢液施用ケナフ生育試験

図1 木酢液施用ケナフの地上部成長量（平均値）
単位：cm、SD：84 cm（佐々木ほか 2001）

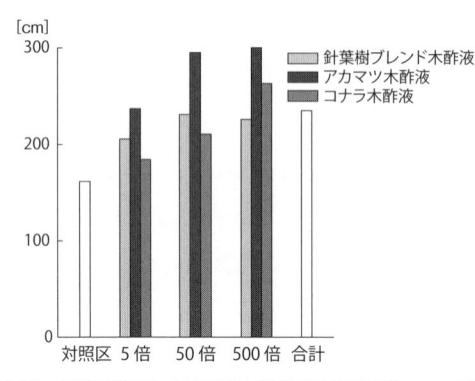

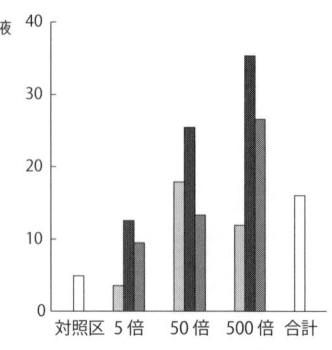

図2 木酢液施用ケナフの成長量（絶乾収量）
単位：トン/ha（佐々木ほか 2001）

倍、50倍、500倍に希釈し、ケナフ種子を播種8日前と播種後53日目との2回施用した時の結果である（**写真1**）（佐々木ほか 2001）。1回目の施用は施肥と同時に土壌散布し、2回目は土壌灌注と若干の葉面散布を行っている。

発芽率は播種9日後の発芽率は対照区が50％であったのに対して木酢液施用区はすべて、70％前後から90％前後の発芽率を示し、アカマツ5倍区、コナラ5倍区ではそれぞれ、87.5％、93.7％という高い発芽率を示した。**図1**、**図2**は播種188日目に収穫後の地上部成長量、およびその絶乾収量である。地上部成長量ではすべての木酢液施用区で対照区よりも大きな量となった。特にアカマツ木酢液50倍区、500倍区、コナラ500倍区では大きな数値となった。絶乾収量では針葉樹5倍区を除いて他は、対照区の1.8倍から6.9倍の収量であった。絶乾収量でもアカマツ500倍区が最も高い収量であった。また、乾燥重量の単位面積あたりの収量は、対照区が5.0トン/haであったのに対して、アカマツ50倍区および500倍区、コナラ500倍区ではそれぞれ25.4、35.3、26.6トン/haという大きな値であった。

アカマツ木酢液、コナラ木酢液の場合の発芽率が希釈倍数の小さい5倍希釈の時の方が50倍、500倍希釈の時よりも高い値となり、収穫後の成長量と絶乾収量が、逆に希釈倍数の大きい50倍、500倍の時の方が5倍の時よりも大きいという結果であるが、これは播種前に木酢液を施用することで、ケナフの成長に悪影響を及ぼす土壌微生物や土壌昆虫などを高濃度木酢液が死滅させ、ケナフの成長環境を改善している可能性も考えられる。播種後の成長は低濃度木酢液がケナフの成長促進に大きく関わっていることが推察される。

4-7　木酢液散布の適量

　木酢液が農作物の成長によい影響を与えるということで、木酢液の利用が普及し、種々の作物に施用されるようになった。その方法は市販されている木酢液にある程度の記載はあるものの、一定の基準がないのが現状である。特に留意しなければならないのは施用濃度であり、濃度を間違えば、成長促進に働くはずの木酢液が、逆に作物を枯死させることも起きかねない。成長促進作用と抑制作用の両面を持つ木酢液の使用にあたっては注意が必要である。市販されている木酢液によって濃度が異なることは普通にあることなので、使用する木酢液の濃度がどの程度なのかをよく判断して使用する必要がある。木・竹酢液認証協議会の規格では、酸度を一定の値内にすることで、濃度をある範囲内に規定している。これまでに木酢液を施用した多くの方たちの使用例をもとにいくつかの木酢液関係解説書、雑誌などにその例が記載されているが、それらを参考に木酢液の作物へのおおよその施用量などをまとめると、**表1**のようになる。

　土壌灌注では200〜300倍希釈液を1m^{2}当たり2〜3ℓ、作物苗を移植あるいは播種する1週間ほど前にするのがよい。移植、あるいは播種寸前では、灌注した木酢液が土に馴染まず苗や種子に悪影響を与える可能性がある。木酢液散布後、2週間ほどで土壌pHはもとに戻ることがわかっている（第10章参照）。

　葉面散布では直接作物に木酢液が接触することになるので、土壌灌注の場合よりも低濃度の300〜500倍希釈液を1m^{2}当たり1〜2ℓ程度の割合で随時、散布するのが適当である。

　病虫害防除を目的とした場合には少し濃い目の50倍希釈程度のものを1m^{2}当たり多くても1ℓ程度散布するのがよい。この場合には土壌灌注の場合よりも少し長めの期間を取り、移植あるいは播種10前後前に散布するとよい。

表1　木酢液の作物への施用例（大まかな目安）

散布場所	木酢液の希釈度	希釈木酢液の施用量	施用時期
畑または庭への散布	200〜300倍希釈	2〜3ℓ/m^2	播種/移植の1週間前
葉面	300〜500倍希釈	1〜2ℓ/m^2	随　時
畑に散布*	50倍希釈	1ℓ/m^{2}以下	移植前/播種前

注）＊：微生物防除または害虫防除用

5

土壌環境改善に役立つ木酢液

5-1 作物の肥料吸収を促進させる..86
5-2 土壌微生物の繁殖をコントロールする..................................89

5-1　作物の肥料吸収を促進させる

　植物が成長するには窒素、リン、カリウムのように、いわゆる肥料の3要素といわれるもののほかに、カルシウム、マグネシウム、イオウや微量要素としてはホウ素、鉄などの栄養素が必要である。健全な野菜を収量よく得るにはこれらの栄養素を適度に肥料として補給することが欠かせない。化学合成した化学肥料が大量に使われる場合には施肥による肥料中の塩類が土中に集積しやすくなる。特にハウス栽培などの閉鎖された環境内での作物栽培では栽培への影響が生じることがある。例えば、施肥されたリン酸肥料に由来するリン酸塩類のなかには水溶性が低く土壌中で固定されるものもあり、作物栽培上、不可欠な養分であるリンが不可給体の形になり、作物が養分として吸収できず障害となることがある。また、カルシウム塩類も水溶性が低いものがあり、硫酸カルシウムなどは土壌表面への析出の原因となって、作物のカルシウム欠乏の原因ともなる。

　ところで、アルミニウムが過度に存在すると極度に酸性化し、植物の成長を阻害するが、少量のシュウ酸がアルミニウムを可溶化して、アルミニウムの毒性を除去することも知られている。シュウ酸と同じように酸性である木酢液が土壌中に固定化された塩類を可溶化できれば、木酢液の作物成長への直接刺激に加えて、肥料成分の吸収も促進させることになる。以下はその実証の結果である（谷田貝2012）。

　表1は、リン酸三カルシウムなどの無機塩類を混合した土壌をカラムに詰めて上から木酢液を流して出てきた濾液に溶出したリン、あるいはカルシウムを

表1　木酢液の無機塩類溶解性

（単位：cps/μA）

		蒸留水	200倍希釈	原液
$Ca_3(PO_4)_2$ リン酸三カルシウム	P	0.001	0.001	0.010
	Ca	0.011	0.010	0.587
$Ca(H_2PO_4)_2$ 第一リン酸カルシウム	P	0.265	0.265	0.271
	Ca	2.655	2.655	2.533
$CaCO_3$ 炭酸カルシウム	P	0.000	0.000	0.001
	Ca	0.013	0.013	2.010
熔リン	P	0.000	0.000	0.005
	Ca	0.018	0.023	0.780

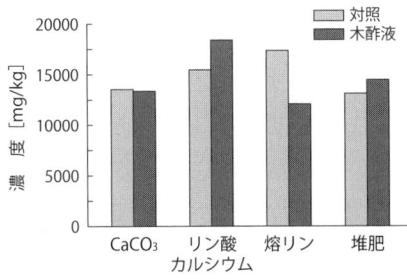

図1 コマツナにおけるリンの吸収
木酢液はリンの吸収を増大させる
（谷田貝 2012）

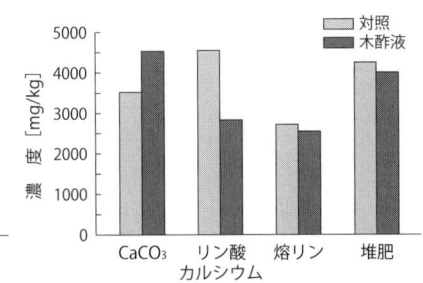

図2 コマツナにおけるカルシウムの吸収
（谷田貝 2012）

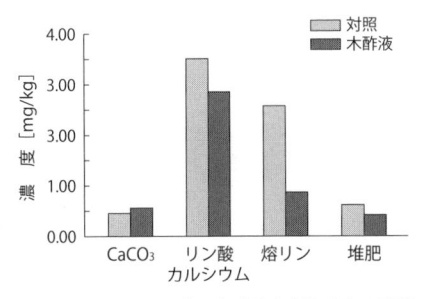

図3 コマツナにおけるカドミウムの吸収
木酢液はカドミウムの吸収を低減させる
（谷田貝 2012）

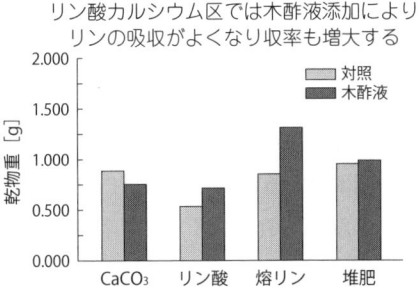

図4 木酢液入り土壌でのコマツナ収穫結果
リン酸カルシウム区では木酢液添加によりリンの吸収がよくなり収率も増大する
（谷田貝 2012）

測定した結果である。

　リン酸三カルシウムは燐灰石成分として天然に存在し、水には溶けないが長時間水に接していることによって加水分解されて、不溶性の水酸化リン酸カルシウムに変わる。硫酸などの強酸のもとで可溶性の第一リン酸カルシウムになることも知られていて、このことはリン鉱石を水溶性に変えて肥料にするのに利用される。木酢液がリン鉱石などの天然のリン酸塩類を可溶化できれば、植物への吸収しやすくするだけでなく、天然素材の木酢液を毒性の強い硫酸代替としても使えることになる。

　木酢液原液では、リン酸三カルシウムの場合にはコントロールの蒸留水に比べてリンの可溶性を10倍促進し、熔リンの場合も5倍の可溶化促進が見られるが、第一リン酸カルシウムの場合には可溶化促進は見られない。　木酢液はリン塩類の可溶化を促進するがその効果はリン酸塩の種類にもよることがわか

る。カルシウムの場合にはリン酸三カルシウム、炭酸カルシウム、熔リンで大幅な可溶化促進がみられる。木酢液はカルシウムの植物への吸収を促進し、健全な作物の栽培に役立つことがわかる。

実際にリン、カルシウムを含む無機塩類と木酢液を土壌に混合して作物を栽培した場合にはどのようになるかを、コマツナを栽培して調べている。そして、収穫したコマツナ中のリンを測定すると、リン酸カルシウム区でリンの吸収が促進され(**図1**)、炭酸カルシウム区ではカルシウムの吸収が促進されている(**図2**)ことがわかった。

さらに興味あることには、木酢液を添加した場合にはコントロールに比べて、土壌中のカドミウムや銅などの有害金属類がコマツナに取り込まれる量が少ないことである。**図3**はコマツナにおけるカドミウムの吸収を示したものであるが、リン酸カルシウム区、熔リン区では対照に比べて取り込まれる量がかなり少ないことがわかる。木酢液は土壌中の有害金属を除去する働きも持っているのである。

図4は木酢液入り土壌でコマツナを栽培した時の収穫量である。リン酸カルシウム区、熔リン区で収穫増が見られる。

5-2　土壌微生物の繁殖をコントロールする

　木酢液を土壌に散布すると、土壌中の有害線虫や根切り虫などの作物に害を与える害虫に対して殺虫効果があることや、植物病原菌に対して殺菌効果があることが知られている。植物病原菌に対する効果では、病原菌に直接木酢液が作用する場合もあるが、病原菌の成育を制御する他の微生物の繁殖を促し、結果的には病原菌を制御するといった間接的な効果も考えられる。木酢液が、土壌散布によって植物の根の周辺の微生物相の分布状況を変えることは十分に予想されることである。次に示す例は微生物相の変化を調べたものである（寺下1960）。

　木酢液原液を1 m² あたり8 ℓ 土壌に散布して、土壌微生物の種類の増減を定期的に調べた。土壌のpHは木酢液散布後1週間でほぼ元通りになった。糸状菌は散布後、急激に減るが、2週目頃から増加しはじめ、それ以後かなりの高密度で繁殖し、1年後でもその状態を保っていた。バクテリアも糸状菌と同じような傾向を示し、3カ月後ぐらいでほぼもとの状態に戻った。放射状菌は木酢液散布後減少し、元通りになりにくく1年後でも対照よりもかなり少ないという結果が出されている。糸状菌ではアオカビ類（*Penicillum* spp.）、トリコデルマ菌（*Tricoderma viride*）が木酢液散布後、優勢な菌として観察されている。推測の域を出ないが、アオカビ類、トリコデルマ菌類のように薬剤に強い菌が繁殖し、病原微生物に対して強い拮抗作用を持っていて土壌中で優勢になるならば、作物栽培上、好ましいことであると著者は考察している。

　ヒノキ、スギ、カラマツなどの針葉樹は土壌によって感染する立枯病の害を受ける。木酢液がこの立枯病の抑制に効果があるという結果が50年ほど前に既に当時林業試験場研究員であった野村らによって報告されている（野原・陣野1957）。木酢液（5倍液）、硫酸（150倍液）、水銀製剤A（800倍液）を苗畑にそれぞれ8.0、16.0、3.2 ℓ /m² 散布し、7〜10日後にカラマツ種子を播種し、その後の発芽率、立枯病発病率を調べた結果、木酢液が供試薬剤のうちで最も発病率を低く抑えることが明らかにされている。それぞれの供試薬剤の散布量が異なるのは苗畑土壌のpH 5.0に調整するのに必要な量を使用したからである。スギ、ヒノキ、アカマツでも同様に木酢液の立枯病に対する効果が確認されてい

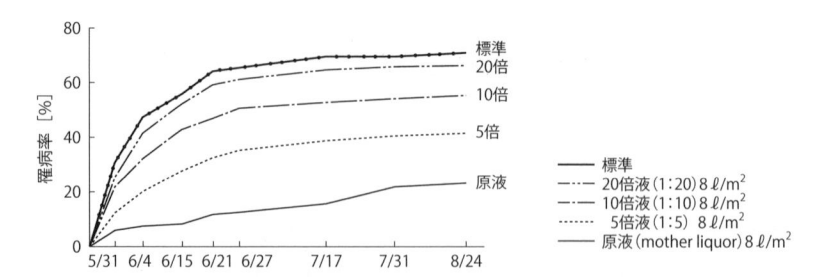

図1 木酢液のカラマツ立枯病防除作用(野原 1957)
注) 病原菌接種 *Rhizoctonia* sp.(4月11日)
薬剤散布　4月14日

グラフ凡例：
- 標準
- 20倍液(1:20) 8 ℓ/m²
- 10倍液(1:10) 8 ℓ/m²
- 5倍液(1:5) 8 ℓ/m²
- 原液(mother liquor) 8 ℓ/m²

る。

　それでは木酢液の濃度と効果の関係はどうなのだろうか。**図1**はその試験結果で、木酢液濃度と罹病率の関係を示している。原液が最も罹病率は低く、5倍、10倍になるに従って罹病率は高くなり、20倍では標準(対照)とほぼ同じである。木酢液の濃度が濃い場合には雑草の発生も阻止され、特に原液区では対照区の半数であった。

　種子を播種するにあたって木酢液をいつ土壌に散布するかは、種子の木酢液による薬害を避けるためにも大切なことである。いくら罹病率を低く抑えても、また、雑草の発生を低く抑えても、肝心の苗木の発芽が抑えられては意味がない。木酢液5倍液を使用して確かめた実験では、播種当日に散布した場合には薬害を受けることがわかっている。また、播種5日前に散布した場合にはほとんど対照と同じく発芽し、薬害が認められないこともわかっている。このことからも少なくとも播種5～7日前に木酢液を土壌散布するのがよいようである。

6

昆虫、動物に対する作用

6-1　殺蟻活性 92
6-2　カメムシを抑える 95
6-3　木酢液によるクリシギゾウムシの防除 97
6-4　ハエ、ナメクジに対する作用　................................98
6-5　木酢液で野ネズミの食害を防ぐ 102
6-6　ムースの害を防ぐ 105

6-1　殺蟻活性

　シロアリは木造建築物の土台や柱を食害し、甚大な被害を与えるやっかいものである。シロアリは木材の主成分であるセルロースやヘミセルロースを分解する酵素を分泌する原生動物を腸内に棲まわせ、木造建築物を食害する。わが国では建築物の害が多いが、東南アジアなどの熱帯地方に行くと、立木までもが食害されている光景や、林や草むらの中に大きなアリ塚をよく見かける。

　シロアリは世界中に7科2,400～2,500種類存在し、そのうちわが国には4科11属21種が生息している(今村ほか 2000)。その中でもわが国で深刻な害を与えるのは、イエシロアリ、ヤマトシロアリ、ダイコクシロアリである。イエシロアリは水を運ぶ能力があるので、乾燥した木材にも害を及ぼし、食害は広い物体におよび、わが国で最も甚大な被害をもたらすシロアリである。イエシロアリは温暖な地域に棲息し、北限は神奈川県付近である。ダイコクシロアリはさらに温暖な地域に棲息し、奄美、琉球諸島での被害が観察されている。比較的低温な地域でも棲息しているのがヤマトシロアリで北海道での生息も観察されている。ヤマトシロアリはイエシロアリと違い、水分を運ぶ能力がないので、水分の多い風呂場や台所などの湿った場所での木材を食害する。シロアリを防除するための合成薬剤は存在するが、その薬害が問題となり、有機塩素系防除剤クロルデンのように使用禁止されたものもあり、安全性の高い植物からの殺蟻成分の探索、さらにはその成分を使った殺蟻剤の検討なども行われている。木材にはシロアリに抵抗性の高いものがあり、それらから殺蟻成分が単離され構造が明らかにされているものも多い。ヒバ材からのヒノキチオール、サワラ材からのカメシノン、ヘツカニガキからのスコポレチンなどはその例である(岡野ほか 1995)。

　石炭乾留の際に得られるコールタールや炭焼きの際に得られる木酢液・木タールは、合成薬剤があまり普及していなかった時代には、木材不朽菌やシロアリからの害を防ぐのに土台や板塀などに塗布して使用されてきた。実際に木酢液はどの程度の殺蟻能力があるのだろうか。

　直径35 mmのシャーレにろ紙を敷き、そこに木酢液を添加して、ヤマトシロアリの職蟻を入れて殺蟻活性をみた結果が**表1**である(Yatagai *et al.* 2002)。

表1　ヤマトシロアリに対する木酢液の殺蟻活性(Yatagai *et al.* 2002)

木酢液の種類	供試量(mℓ)	1～7日間の生存率(%)						
		1	2	3	4	5	6	7
スギ・ベイツガ混合木酢液	0.10	0						
	0.01	27	12	0				
コナラ木酢液	0.10	0						
	0.01	94	85	78	75	70	67	65
アカマツ木酢液	0.10	5	3	0				
	0.01	100	100	95	93	91	69	67
コントロール		100	100	100	100	100	100	100

注）数値は9回繰り返しの平均値。コントロール：蒸留水。
　　供試量は、直径35mmのろ紙上への添加量。

　スギ、ベイツガの混合材を炭材とした針葉樹混合木酢液、コナラ木酢液、アカマツ木酢液の3種の木酢液で試験している。0.10 mℓ (0.0026 mℓ/cm^2) の供試量で、針葉樹混合、コナラ木酢液では1日目に死滅、アカマツ木酢液では3日後に死滅している。0.01 mℓ (0.00026 mℓ/cm^2) では針葉樹混合で3日目に死滅しているが、広葉樹、アカマツ木酢液では7日後に35%程度の殺蟻活性を示している。この結果からは木酢液が殺蟻活性を示すのは0.0026 mℓ/cm^{2}程度以上の添加量の時であることがわかる。コナラ木酢液、針葉樹混合木酢液が0.1 mℓ添加で1日目に死滅しているのにアカマツ木酢液では3日後に死滅し、前2者よりも低めの活性である。これは成分分析の結果、ここで用いたアカマツ木酢液が他の2者に比べて有機物含量が低かったことと、殺蟻性に大きく変わっている酢酸含有量が低かったことによる。化合物単品になると混合物である木酢液の場合よりも活性が強くなり、0.001 mℓ (0.000026 mℓ/cm^2) という低い添加量でも蟻酸、*n*-乳酸、吉草酸では1日後に死滅させている。酢酸は0.001 mℓで2日後に死滅させており、木酢液中の含有率の高い酢酸が殺蟻性には大きく関わっていることが考えられる。

　フェノール類は抗菌作用とともに殺虫作用も有しているが、木酢液に含まれるフェノール類のシロアリに対する作用はどうだろうか(Yatagai *et al.* 2002)。腰高シャーレ(直径80 mm、高さ70 mm)の内部底面に0.1 mg、0.01 mgの試料を含浸したろ紙を敷き、その上に複数頭のヤマトシロアリ職蟻をいれて殺蟻活性の様子をみたのが図1である。図1のそれぞれの構造式の右に記されている分数の分子は0.1 mg、分母は0.01 mgを供試した時の10日後の生存率を示している。10日以前に死滅した場合は0とし括弧内に死滅した日が記されて

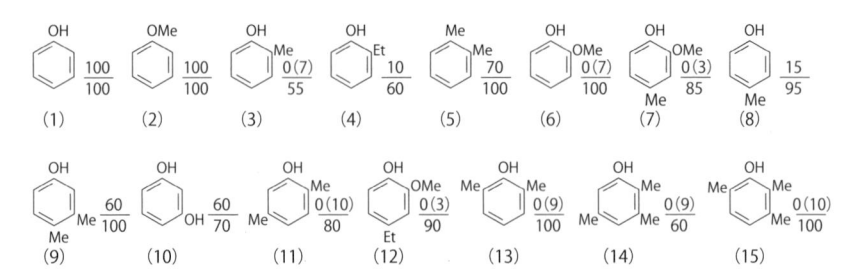

図1 フェノール類の殺蟻活性(Yatagai *et al.* 2002)

注）分子、分母の数値は、それぞれ0.mg、0.01 mgの試料を使用した場合の10日後の生存率。ただし、0後のカッコ内数値は死滅した時の日数。

いる。

0.1 mgで最も強い殺蟻活性を示したのは(7)と(12)で3日後に死滅している。母体であるフェノール自体(1)には殺蟻活性は見られない。しかし、オルト位に置換基が入ると(3)のように活性が出てくる。このことはフェノール性物質の蚊の産卵誘因作用に関する研究報告の中で、やはり、フェノールには活性がないがオルト位に置換基が入ると活性が出てくる事実とも一致する(Bently *et al.* 1981)。フェノール性水酸基が活性に関与していることは、メチル基の入った(3)と(3)の水酸基がメチルに置き換わった(5)では(3)の方が活性が強いことからもわかる。

また、(3)はオルト位の置換基の大きさが異なる(4)、(6)よりも活性が強いことからオルト位の置換基は小さい方がよいことがわかる。同様なことがオルト位の片方に置換基がない(14)の方が、両方がふさがっている(13)、(15)よりもが活性が高いことからもいえる。これはおそらく比較的小さな置換基を持つフェノール類の方がシロアリの反応点への接触が容易になることからだろう。オルト位に置換基のない(8)は置換基を持つ(7)よりも活性が低いことなどからもオルト位に置換基があるかどうか、またその置換基の大きさがどうかが、活性に大きく関与していると思われる。(8)と(1)、(6)と(7)、(12)のようにパラ位に置換基が入ると活性が強くなる傾向にある。

6-2　カメムシを抑える

　住宅街でもよく見かけるカメムシ、干した洗濯物に紛れて部屋に取り込んだ時にうっかり触れるととんでもない青臭いにおいを部屋中ににおわせる。盾のような形をした黄緑色のカメムシが住宅街でよく見かけるカメムシである。臭いにおいをあたり一面に漂わせるので英名は stink bug（くさいむし）、また、盾のような形をしているので shield bug（盾虫）とも呼ばれている。カメムシの仲間は 82,000 種存在するといわれている。タガメ、ミズムシ、アメンボ、コバンムシ、タイコウチ、マツモムシ、サシガメ、ヨコバイ、セミ、ウンカ、アブラムシ、カイガラムシなどがカメムシの仲間である。カメムシの仲間は草木から樹液を吸汁するものが多く、農作物や果樹に甚大な被害を与えるものもある。カメムシは稲の穂が実り、収穫まじかになった時に稲の胚乳を吸汁し、吸い取った後に傷跡を作り、斑点米の原因となり、コメの等級を落とすので農業上の大きな問題となっている。これらのカメムシはホソハリカメムシ、クモヘリカメムシ、オオトゲシラホシカメムシといったカメムシ類で細長く蚊のような形をしたカメムシ類である。カメムシは飛散距離が広いので農薬で防除するにも大変な作業になる。このようなカメムシ類に木酢液の殺虫・忌避効果が調べられている（新見 2000）。木酢液は稲の成長にもよいことが実証されており、天然物の分解物である木酢液が化学合成農薬の代替として期待されている。

　ホソヘリカメムシ、クモヘリカメムシ、オオトゲシラホシカメムシの成虫を用いて実験は行われている。木酢液原液、10 倍希釈液、100 倍希釈液を用

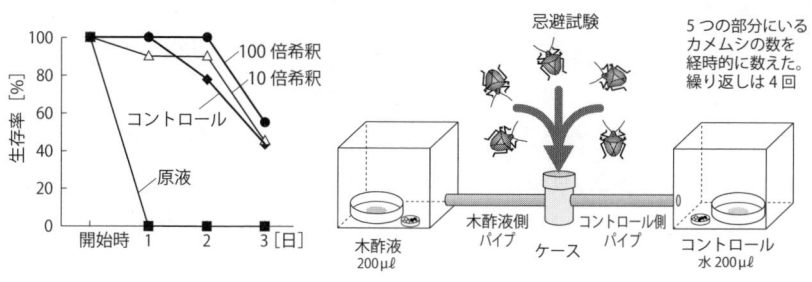

図1　クモヘリカメムシに対する木酢液の殺虫効果
　　　　（新見ほか 2000）

図2　忌避試験装置（新見ほか 2000）

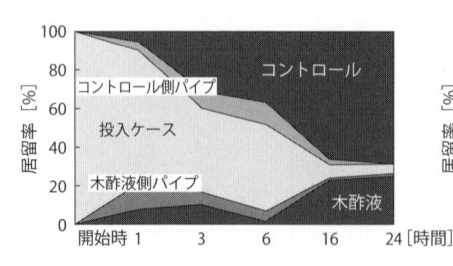

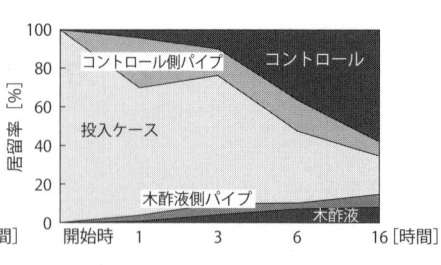

図3 オオトゲシラホシカメムシに対する木酢液の忌避効果(新見ほか 2000)

図4 ホソハリカメムシに対する木酢液の忌避効果(新見ほか 2000)

いた殺虫試験ではオオトゲシラホシカメムシが原液で3日目に80％の死亡率、クモヘリカメムシでは原液で1日目にすべて死滅し、強い殺虫効果が認められた(図1)。

忌避試験では、木酢液(200μℓ)をろ紙にしみこませた容器と、対照として水を同量入れた容器を両端に置き中央にカメムシを入れる容器を用意し、それらの3つの容器を細いパイプで接続し、中央の虫投入器からカメムシを入れて、対照側に移動するカメムシの数を測定して忌避率を算出した(図2)。その結果、オオトゲシラホシカメムシ(図3)とホソハリカメムシ(図4)は時間が経過するにつれて対照側に移動する数が多くなり、24時間後には高い移動率(忌避率)を示した。クモヘリカメムシの場合には対照と木酢液側での差は認められなかったが、木酢液側で死亡する個体が多く見られた。これらの結果から、木酢液はカメムシに対する殺虫・忌避作用はあるものの、カメムシの種類に影響されることがわかる。

カメムシは果実にも大きな被害を与える。カメムシに吸汁された果実は正常に成熟せず、商品価値を大きく損なう。カメムシに殺虫・忌避作用のある木酢液、竹酢液は、果実に対しても効果があるのだろうか。カキに飛来するカメムシに竹酢液を散布して好結果を得たとの例がある。カキが幼果を付けるころ、カメムシは夜間飛来して吸汁すると、落果が始まり、残ったカキでも吸汁された果面がへこみ、果肉が半透明に白くスポンジ状になって商品価値損なうという。そこで、病害予防の薬剤、カメムシ防除薬剤とともに400倍に希釈した竹酢液を散布したところ、カメムシ被害がほとんど収穫時まで見られなかったという(木附 1998)。この場合には竹酢液がカメムシ防除剤の助剤として役に立っている例である。竹酢液自体にもカメムシを防ぐ作用があるが、竹酢液がカメムシ防除剤の展着剤のような働きをしているものと思われる。

6-3　木酢液によるクリシギゾウムシの防除

　クリシギゾウムシ(Curculio sikkimensis)は体長1cm以下のゾウムシ科に属する昆虫で、秋にクリの実にメスが管状の口先を差し込んで孔をあけて、そこに産卵をする。卵からかえった幼虫は栗の実を食べて成長する。クリシギゾウムシはクリの大敵である。そのクリシギゾウムシに木酢液が効果がある。

　木酢液散布区、合成農薬アグロスリン散布区、無処理区の3区を設け、木酢液散布区では木酢液1,500倍液を、アグロスリン散布区ではアグロスリン乳剤の1,000倍液を9月上旬にクリの樹冠に薬剤が滴下する直前まで散布した。その後5日ごとにクリを採取し、それを図1に示すような石油缶に入れて10月下旬にクリから脱出したクリシギゾウムシ幼虫数が計測された(小林 1993)。その結果が図2である。木酢液散布区ではアグロスリン乳剤散布区のクリよりもクリ1粒あたりから脱出してきた幼虫数は多いが、無処理区よりも少なく抑える結果となった。今回の木酢液散布で用いた木酢液は、1,500倍希釈という低濃度であったが、もう少し高濃度であればより良い効果が期待できる。毒性の強い合成農薬に代わる自然農薬としての木酢液が期待される例である。

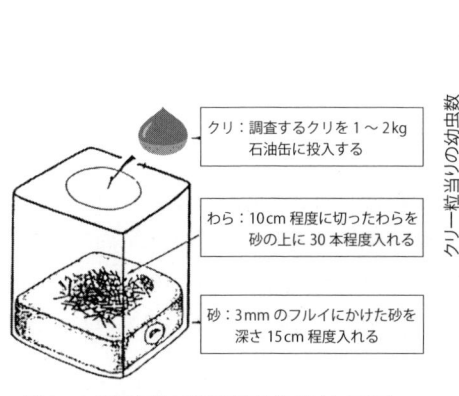

図1　クリ果実害虫調査用石油缶 (小林 1993)

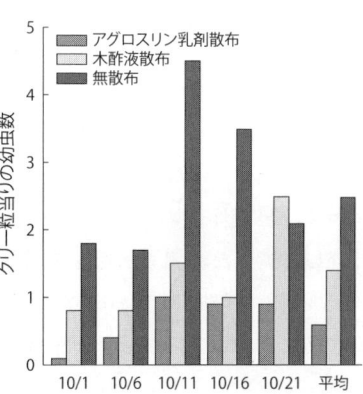

図2　クリシギゾウムシ薬剤防除試験
(小林 1993)

6-4　ハエ、ナメクジに対する作用

　ハエは食べ物や糞に群がり、病原性の細菌やウイルスを媒介するやっかいな衛生害虫である。ここでは魚肉に集まるハエを木酢液が追い払うのに効果がある例をご紹介する。

　5種類の市販木酢液を用意し、それぞれを定法によりフェノール区、有機酸区、カルボニル区、中性区、塩基性区に分画した。それらの分画液と魚肉をガラス製ハエ取り器内に入れ、対照として魚肉だけを入れたものを用意し、戸外に4時間放置して30分ごとに1分間の間に集まったハエの数を集計したものが **表1** である。中性区、塩基性区、フェノール区では忌避作用がみられたが、有機酸区、カルボニル区では逆に集まる傾向にあった。有機酸区では腐敗臭の酪酸や酢酸、カルボニル区ではホルムアルデヒド、アセトンなどのハエが好む化合物が含まれているために、むしろ集まる傾向にあったのだろうと報告者は推定している（竹井・林 1968）。このことからも多成分の集合体である木酢液には忌避作用、殺虫作用などのほかに誘因作用のある成分も同時に含まれていることがわかる。

　したがって、忌避を目的として木酢液を使用する場合はフェノール類などの割合の大きな木酢液を使用することが肝心である。この試験では各分画物のそれぞれ2 mlを試験に供試しているが、分画前の木酢液中の各分画物の割合で試験すれば、木酢液そのものを用いた時に忌避作用にはどの分画物が効果があるのかも明らかになる。

　表2 は忌避作用の得られた画分の中性区、塩基性区、フェノール区をさらに詳しく調べた結果である。木酢液Bの分画液を用いている。木酢液中のフェノール成分が殺虫・忌避に関係していることがよく知られているが、この場合にはフェノール区に限らず、中性区、塩基性区も同じような忌避効果を示している。

　次にそれぞれの分画物を混合した時はどうなるかを見たのが **表2** の下段である。中性区と塩基性区を混合しても中性区だけの場合とほとんど忌避効果は変わらない。しかし、中性区と塩基性区にフェノール区を混合すると忌避効果は向上する。表2上段で示すようにフェノール区だけでは中性区、塩基性区よ

表1 魚肉に併置した木酢液成分に集まったハエ数
(竹井ほか 1968)

木酢液画分	集まったハエ数 市販木酢液の種類				
	A	B	C	D	E
有機酸区	12(4)	15(7)	26(14)	21(16)	30(22)
中性区	8(10)	3(12)	0(14)	1(25)	2(10)
塩基性区	8(10)	1(12)	5(14)	11(25)	2(22)
カルボニル区	16(4)	19(7)	28(16)	20(16)	13(10)
フェノール区	4(10)	10(12)	5(6)	3(25)	3(22)

注)( )内は魚肉に集まったハエ数。

表2 魚肉に併置した木酢液成分のハエ忌避効果 (竹井ほか 1968)

木酢液画分	集まったハエ数	忌避率(%)
中性区	24(101)	76.2
塩基性区	23(101)	77.2
フェノール区	39(101)	61.4
中性区	61(177)	65.5
中性区+塩基性区(1:1)	68(177)	61.6
中性区+塩基性区+フェノール区(1:1:1)	35(177)	80.2

注)( )内は魚肉に集まったハエ数。

りも劣っていたものが、中性区、塩基性区にフェノール区を混合すると忌避効果が向上する(忌避率80.2%)。このことは多成分を混ぜることによって、相乗効果が表れたものと思われる。

湿った場所を好み、ぬるぬるしていて、歩いたあとに銀色の筋を残したりするので嫌われるナメクジ。ナメクジは別系統のカタツムリの殻が徐々に消失して進化したもので、乾燥に弱くからだ表面の粘液で乾燥を防いでいる。ナメクジ退治には塩を振りかけることがよく行われるが、これは塩によって脱水症状を起こさせることによる。わが国に多く生息するのはナメクジ(*Incilaria bilineata*)、チャコウラナメクジ(*Limax marginatus*)、ヤマナメクジ(*Incilaria fruhistorferi*)である。キノコや花、野菜などを食害し、時には家の中にも侵入してくるので嫌われる。特にキノコのほだ木栽培では大きな被害を与えることがあり、キノコが食用ゆえに使用する農薬にも限りがあり、副作用の生じない自然農薬の開発が望まれている。

竹井らはナメクジに木酢液を噴射してその生死の効果を調べている(竹井・林 1968)。木酢液原液を0.5 ml噴射した場合は殺虫率は、ほぼ50%であったが、1.0 mlではすべてのナメクジが5分以内に仰転死していることを確認している。次いで木酢液原液、10倍希釈液、100倍希釈液の1.0 mlを円筒状にしたろ紙にしみこませ、ナメクジを入れて上下をふさいで放置した時の結果が**表3**である。原液では10分後に、100倍希釈でも60分後に死滅している。このことからナメクジが木酢液に接触することによって死に至ることが確認されている。木酢液のどの分画に殺虫作用があるか調べた結果、特に有機酸区に強い効果があることも明らかにされている。

大型ろ紙の上に木酢液原液、1/2、1/4、1/8液で幅1~2 cm、直径16~

表3　ろ紙円筒法による木酢液の殺ナメクジ効果

木酢液の濃度	実験回数	供試数	被毒後の経過時間（分）と致死数				
			5	10	20	30	60
原液	3	9	3	9			
10倍希釈	3	9	1	4	9		
100倍希釈	3	9	0	2	2	6	9

20cmの円を描き、この円内にナメクジを放し、円外への脱出を調べた結果、原液、1/2、1/4液では円外に脱出できずもがいているナメクジがいたが、中には脱出するものもあり、1/8液ではほとんど抵抗なく脱出し、24時間後も生存していたと報告されている。木酢液は高濃度ではある程度の忌避作用はあるもののそれほど強いものではないことがわかる。

　高木は白炭窯で採取されたコナラ木酢液（比重1.014、pH 2.14、酸度8.4％）でナメクジ類の忌避効果を実証している（高木ほか2010）。綿布をナメクジ用には幅2cm、内径6cm、ヤマナメクジ用には幅3cm、内径12cmのドーナッツ状に加工して木酢液を5秒間浸漬して、円内にナメクジ3匹を投入し、一定時間後のナメクジの円外への移動の有無を調べた（図1）。使用した木酢液は原液、1/5、1/10、1/50、1/100液である。対照区にはドーナッツ状綿布に水だけを浸漬している。木酢液を1回のみ浸漬した場合には、ナメクジでは原液、1/5、1/10液で円外への脱出がなく、ヤマナメクジでは原液、1/50、1/100液で円外への脱出が認められなかった。次に木酢液に1回浸漬して、約27℃で6時間風乾後に円内にナメクジ3匹を入れて1時間後のナメクジの円外への脱出を調べると、円外移動率はナメクジの場合、原液でおよそ20％、1/5液でおよそ90％で、1/100液ではすべてが円外へ移動していた。ヤマナメクジの場合、原液、1/5、1/10液では円外への移動は認められなかったが、1/50液ではすべてが円外へ移動していた。従って、風乾によって忌避効果は低下するので、木酢液中の比較的揮発性の高い成分が忌避に効果を発揮していることが考えられる。また、木酢液への浸漬を繰り返すことによって風乾しても忌避効果が持続することも明らかにされている。例えば5回の浸漬で忌避効果は少なくとも12時間持続することが確認されている。そこで木酢液を−15℃で冷凍した後、室温で融解させて、融解した木酢液濃度の低い液の部分を除き、残った液を再度、冷凍させることを繰り返す冷凍濃縮で得た濃縮木酢液で同様なナメクジ試験を行った。8.4％であった木酢液の酸度は濃縮後に30.2％にpHは2.14から

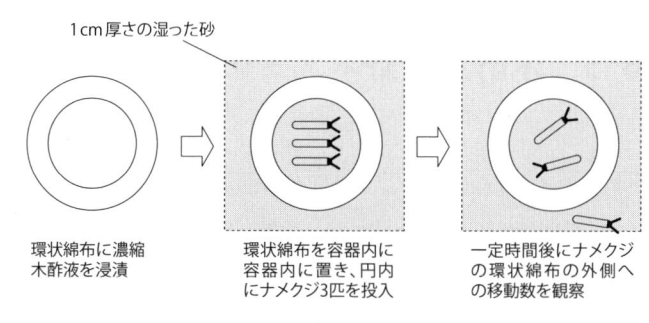

図1 ナメクジ忌避効果実験模式図(高木ほか 2010)

1.76に変化していたが、溶解タール含有率も大幅に変化し、0.21％であった原液の溶解タール含有率が1.52％になっていた。ここで得られた濃縮木酢液3mlをドーナッツ状綿布に1回の浸漬で用い、複数回浸漬して上記と同様な実験をした結果、3回以上の浸漬でナメクジの円外への移動は認められなくなった。これらの実験結果を踏まえて、さらに実際にクリタケ菌床栽培地へドーナッツ状試験器を用いた実証実験が行われた。その結果、対照区に比べて木酢液区は極めて低い食害率となり、高い忌避効果が得られている。

6-5　木酢液で野ネズミの食害を防ぐ

　エゾヤチネズミ(*Clethrionomys rufocanus bedfordiae*)は北海道に生息し、林木を食害する。食害樹種は主にカラマツで、大量発生すると甚大な被害をもたらす。毒餌空中散布によって被害を防ぐことも行われているが、効果の問題、環境問題なども浮き彫りになってきている。そこで、小島らは木酢液、木タールを用いた野ネズミ対策を検討してきた(小島ほか 1998、1999)。ヤチダモ、ドロノキの植栽地で積雪時に約1gの木タール、あるいは木酢液原液1mlを塗布したカラマツの枝(長さ10cm、径約1.2cm)を入れた小さな試験器を林内に設置して、エゾヤチネズミの摂食度を調べたのが図1である。木タールはハンノキおよびカラマツを炭化して得られたもの、木酢液はカラマツ由来のものが用いられている。図は未処理試験体の摂食面積を100とした場合の処理試験体の摂食割合を示している。木タールでは忌避効果が認められているが、木酢液では摂食面積割合が未処理のものよりも大きくなり、むしろ摂食促進効果が現れている。木タールではハンノキ由来の方がカラマツ由来のものよりも忌避効果が高いが、針葉樹、広葉樹由来のタールの成分組成によるものである。木酢液では忌避効果が見られなかったが、塗布量が少なかったことも考えられる。木酢液の場合には木タールに比べて揮発性物質含量が高いので、忌避効果のある成分が早期に飛散してしまうことも考えられる。

　ネズミは枝よりも樹幹に害を及ぼすので、樹幹円盤を用いて塗布する木タールの量と忌避効果との関係を示したのが図2である。$10\,g/m^2$では忌避効果がみられないが、$50\,g/m^2$以上になると忌避効果が現れている。

　カラマツ人工林で木タール、ロジンのエタノール溶液を散布して野ネズミの被害防除試験も行われている(折橋ほか 2000)。この試験ではハンノキとカラマツ由来の2種の木タール、マツヤニの固形部分であるロジンのそれぞれを95％エタノール1ℓに100g溶解させたもの、ロジン10gにマツヤニの揮発性部分であるテレビン油33gを1ℓのエタノールに溶解させたものが使われている。それぞれの溶液を散布木1本当たり150ml程度、カラマツの地上高0〜30cmの樹幹全面に散布した。試験は10月下旬に散布後、5月中旬に野ネズミによる剥皮被害が調べられた。

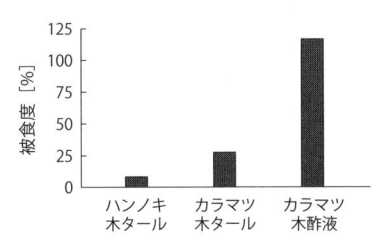

図1 木タール、木酢液のエゾヤチネズミ忌避効果（小島ほか 1998）

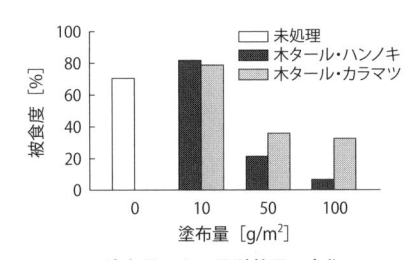

図2 塗布量による忌避効果の変化（小島ほか 1998 を一部改変）

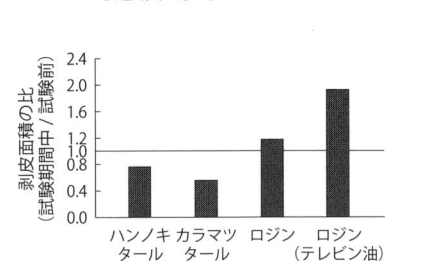

図3 各散布群における被害固体あたりの剥皮面積の散布前後の比（折橋ほか 2000）

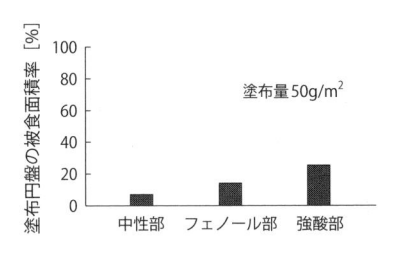

図4 各画分の忌避効果（折橋ほか 2000）
注）対照円盤の被食面積を100とした場合の換算値。

　図3にその結果を示した。ハンノキタール、カラマツタールは試験前の剥皮面積に比べて試験期間中に剥皮された面積は少なく、忌避効果が認められた。ロジンの場合には忌避効果は認められず、むしろ摂食促進効果がみられた。

　各散布群における総剥皮面積では、2種の木タール、ロジンで試験期間中の食害面積が試験前に比べて少なくなっていたが、テレビン油添加ロジンでは試験期間中の被害木面積が試験前に比べて大きく増加している。これは揮発性のテレビン油が野ネズミに対して誘引的に働いている可能性を示唆している。

　上記の結果から木タールには野ネズミを忌避する働きがあることが明らかになった。それでは木タールのどのような成分が忌避効果を持っているのだろうか。ハンノキ木タールを中性部、フェノール部、強酸部の分けて、ヤチダモとドロノキの混合林の中で、カラマツ樹幹円盤の50 g/m² 当たりの量を塗布してその効果を見たのが**図4**である。それぞれに高い忌避効果があるが、特に中性部にその効果は高い。効果が各部分に分散していることから、木タールの忌避効果は一つの成分ではなく、いくつかの成分の複合化であることが分かる。

　ヤチダモ、ドロノキ、ハンノキが植栽されている混合林で、**図5**に示す試

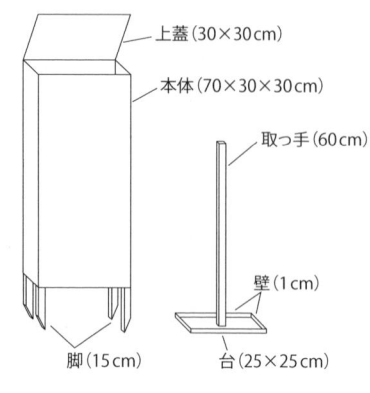

図5 試験器 (Orihashi *et al.* 2001) 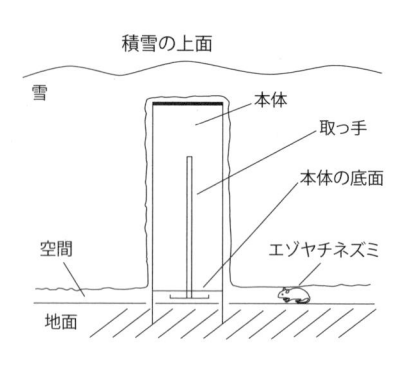　　　図6 積雪の中に設置された試験器
(Orihashi *et al.* 2001)

験器を**図6**の状態で使用して、ハンノキ、カラマツ、シラカバの木タールを95％エタノールで40％(w/v)に希釈したもの、およびハンノキ木酢液原液のそれぞれを直径4〜9cmのカラマツ樹幹円盤に塗布した処理試験試料と未処理対照試料を置いてネズミにどちらかを選択させる選択試験も行われている（塗布割合は木タールでは5 mg/cm^2、木酢液では0.025 ml/cm^2）(Orihashi *et al.* 2001)。その結果ハンノキ木酢液原液では忌避効果は得られなかったものの、ロジン、木タール、木タール分画液のいずれも高い忌避作用があることが確認された。

6-6　ムースの害を防ぐ

　北欧フィンランドではムース（ヘラジカ）によってスコッチパイン幼木の若葉が食害される被害が多発している。この害を防ぐのに合成忌避剤も開発され利用されているがスコッチパインの木タールがムースの害を防ぐのに効果があることが報告されている（Loyttyniemi et al. 2001）。

　試験は冬季のスコッチパインの林で、木タール散布木、市販のムース忌避剤 Top Dendrocol、を散布木、それに無処理木の3種に分け、合計189本のスコッチパインを用いて行われた。10月から11月にかけて当年枝に散布して行われたが、冬季であることもあり、粘ちょう性の木タールをそのまま散布するのは難しいので、同じスコッチパインから得られたテレビン油を20～30％混ぜて木タールを希釈して散布が行われている。散布した翌年の5月に被害の状況を3つのカテゴリー、すなわち、無被害、1本の木当たり1～5本の若枝の被害、5本以上の若枝の被害に分けて調査された。散布量は記載されていないので明らかではないが、無処理区の被害が甚大だったのに比べて、木タール散布区の被害は**図1**に示されているように非常に少なく、合成忌避剤と同様極めて良好の忌避作用を示した。合成忌避剤と木タールとの有意差は見られなかったが、むしろ図からは木タールの方が忌避作用が大きい傾向を示している。木タールの強い刺激性のあるにおいが動物に嫌われ、結果として忌避作用につながっているのであろう。その強いにおい、それは主にフェノール性化合物によるものである。

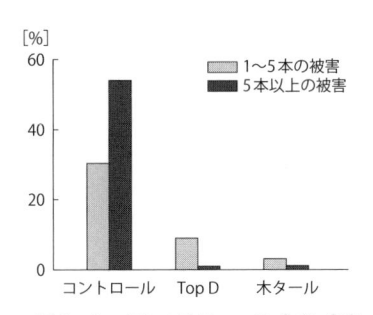

図1　ムースによるスコッチパイン食害に対する木タールの効果
（Loyttyniemi et al. 1992）

7

家畜飼料添加剤としての木酢液

7-1 ニワトリ飼料への添加 108
7-2 豚の飼料への添加 110
7-3 ニワトリのサルモネラ感染防止 112

7-1 ニワトリ飼料への添加

　ナラ材から得られた木酢液をゼオライトに吸着し、木酢液のほかに海藻やヨモギ粉を加えて製品化した鶏用飼料添加剤（商品名：地養素）をブロイラーに給与した時の効果が報告されている（栗木ほか 1989）。地養素は糞尿の脱臭剤や鶏の肉質改善剤として市販されているものである。

　供試鶏は表1の3区分に分け、各区雌雄15羽ずつの計30羽を1群として、2反復している。3週齢までは区ごとに60羽ずつ飼育し、3週齢以降に平飼い解放鶏舎としている。

　表2は1、3、5、8周齢時のそれぞれの区における雌雄区別なしの体重である。1区と3区で抗生物質無添加の2区よりも大きな数値を示しており、抗生物質添加飼料の3区が最も大きかった。8周齢時の雌雄別の結果も同様であった。

　飼料摂取量では1から5周齢までは1区が最も多く、次いで3区、2区の順であった。しかし、8周齢では3区の方が2区よりも大きな値となった（表3）。体重1kgを生産するのに費やした飼料の量、飼料要求率（飼料摂取量（kg）/増体量（kg）＝飼料要求率（倍率））は表4に示すように8週齢時には抗生物質無添加飼

表1　試験区分（栗木ほか 1989）

区	処理区分
1	抗生物質無添加飼料に地養素0.8％添加
2	抗生物質無添加飼料のみを給与
3	抗生物質添加飼料を給与

表2　体　重（栗木ほか 1989） (g/羽)

区	週齢			
	1	3	5	8
1	124	588	1,199	2,714
2	122	527	1,116	2,604
3	117	573	1,197	2,762

表3　飼料摂取量（栗木ほか 1989） (g/羽)

区	期間			
	0～1週齢	0～3週齢	0～5週齢	0～8週齢
1	132	934	2,209	6,027
2	121	821	2,096	5,794
3	127	904	2,158	6,066

表4　飼料要求率（栗木ほか 1989） (%)

区	期間			
	0～1週齢	0～3週齢	0～5週齢	0～8週齢
1	1.06	1.59	1.84	2.22
2	0.99	1.56	1.88	2.23
3	1.09	1.58	1.80	2.20

料の2区よりも抗生物質無添加飼料に地養素を添加した1区の方が優れる傾向にあった。　これらの結果から、地養素のニワトリに対する発育促進効果が示唆されている。

　ブロイラーに木酢液精製物、バーミキュライト、ゼオライトの混合飼料（商品名：グローリッチ）を与えた時の効果も知られている（福岡県農業総合試験場 試験より）。0～3週齢の前期飼料として抗生物質等を添加した飼料を与え、その後4～7週齢の後期飼料として、抗生物質等無添加飼料にグローリッチを0.8％添加した飼料を与えると、前期・後期飼料にグローリッチ～抗生物質無添加配合飼料、または前期・後期に抗生物質無添加飼料を与えた場合よりも育成率、増体重が優れていることが確認された。このことからこの事例での木酢液は後期飼料として与えると効果があることが明らかにされている（福岡県農業総合試験場 試験より）。

7-2　豚の飼料への添加

　肥育豚に木酢液を添加した飼料を給与して発育状況、肉質、食味について調べた結果も報告されている(宮本ほか 1999)。以下はその結果である。

　生後約 100 日の肥育豚に出荷までの約 90 日間、肥育用配合飼料に木酢液精製液 25％を含む木酢液添加剤を 0.5％添加して与えた。試験には去勢豚(試験1)とメス豚(試験1)が対照の豚とともに用いられた。

　試験 1 では試験区の方が対照区よりも終了時体重、飼料要求率も高かったが、試験 2 では対照区の方が優れていた。試験 1 と試験 2 の合計では若干ではあるが、木酢液添加の方が優れていた。屠体成績では終了時体重の大きい試験 1 の試験区、試験 2 の対照区の方が、枝肉体重量、屠体長、背腰長、屠体幅、ロース断面積で大きく、背脂肪の厚さでは試験 1、2 ともに木酢液を添加した方が大きい値を示した。この場合にも合計ではすべての試験項目で木酢液添加の方が大きい値を示した。

　肉質ではロース肉の保水力、伸展率、脂肪の融点、水分含量で木酢液添加と対照との間に大きな違いは見られなかった。さらにロース肉の官能試験の結果、蒸し肉、焼肉のいずれの場合にも木酢液添加による食味向上の効果は認められなかった。

　以上の結果は木酢液添加により発育、屠体成績で若干良い成績を与えるものの顕著な差はないことを示しているが、試験回数が少なく、木酢液添加量も 1 例なので、それぞれの回数を増やすことによってさらに詳細な結果が得られるものと思われる。

　蒸留木酢液を炭粉末に混合して飼料として与えた場合の豚の肥育状況も調べられている(吉本ほか 1995)。以下は、開始時におよそ 30 kg の肥育豚を供試豚として体重およそ 110 kg になるまで調べた結果である。試験は 4 グループに分けて、それぞれ各グループに雄、雌 1 頭ずつ、計 2 頭ずつで行われている。すなわち、対照として木酢液を加えず飼料だけの無添加区、炭粉末に木酢液 3％を混合した試料で飼育した区、木酢液を 3％飼料に混合した区、EM菌(有用微生物群　Effective Microorganisms)を 3％飼料に混合した区の 4 区である。EM菌は畜舎内の糞尿処理材として試みられている。

一日平均体重増加値については雌で対照に比べて良好な結果が得られた。糞尿消臭効果では全期間では消臭効果に対照との間に大きな差は認められなかったが、試験開始2日目までは炭粉末木酢液混合区、木酢液混合区とEM菌混合区でアンモニア濃度が対照よりも低く、消臭効果が認められた。また、木酢液混合区、EM区のすべてで、豚健康状況の指標であるヘマトクリット、総タンパク、肝機能、腎機能、血統でも特に異常はなく、副作用は認められなかった。屠肉歩留、屠体長、屠体幅、背腰長、屠体各部位における脂肪層の厚さを測定し、枝肉成績を調べた結果、炭粉末木酢液混合区、木酢液混合区で対照よりも若干であるが、良好な成績が得られたこと、また、EM菌混合飼料養育区では対照との間に差が認められなかったことから木酢液が豚の飼育に効果があることが示されている。

7-3　ニワトリのサルモネラ感染防止

　サルモネラ (*Salmonella enterica* serovar. *Enteritidis*) は食中毒の原因となる病原性の腸内細菌で、哺乳類や鳥類に病気をもたらすやっかい者である。サルモネラに感染した鶏の卵や肉を食べると深刻な胃腸炎を引き起こす。鶏のサルモネラへの感染を防ぐにはワクチンが使用されている。ここでは、木酢液を吸着させた活性炭がサルモネラ菌の繁殖を防ぐのに効果があることをご紹介する (Watari *et al.* 2005)。

　実験にはサルモネラ菌と、腸内常在菌としてエンテロコッカス・フェシウム (*Enterococcus faecium*) が用いられている。図1はカシ類の樹皮から製造された活性炭の上記2種類の菌に対する吸着能を、吸着できなかった量で示している。この図からは活性炭の用量が増えるにつれて吸着できなかった量は少なくなり、逆に吸着量は増加していることがわかる。また、*E. faecium* よりもサルモネラ菌をより多く吸着していることもわかる。

　図2は木酢液あるいは酢酸を添加した培地でサルモネラ菌を培養した時のサルモネラ菌数を示している。木酢液あるいは酢酸の濃度が増加するにつれてサルモネラ菌数は減少している。木酢液の主成分である酢酸もサルモネラ菌を減少させるのに効果があるが、木酢液の方がその効果は高い。このことからも、サルモネラ菌の繁殖を抑える成分は木酢液に含まれる酢酸だけでなく、そのほかの成分も関わっていることがわかる。さらに木酢液は、腸内の有用常在菌で

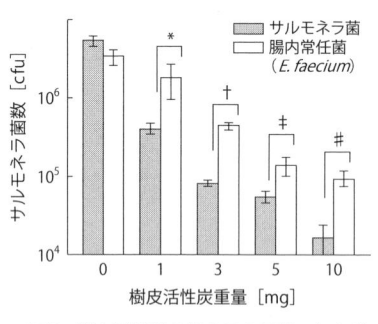

図1　樹皮活性炭のサルモネラ菌、および腸内常在菌(*E.faecium*)に対する吸着能 (Watari *et al.* 2005)

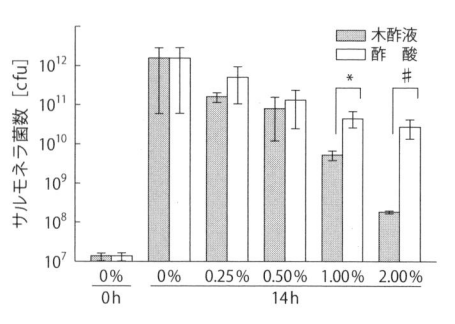

図2　木酢液のサルモネラ菌に対する繁殖抑制効果 (Watari *et al.* 2005)

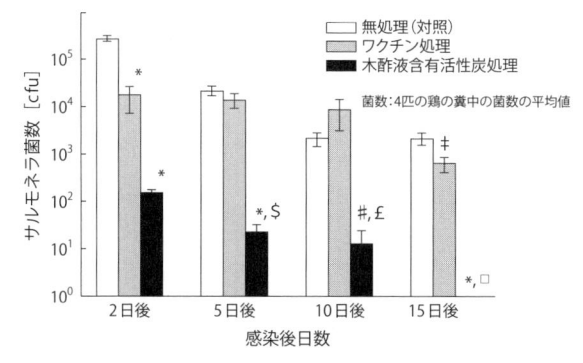

図3 木酢液含有樹皮活性炭のサルモネラ菌に対する繁殖抑制効果 (Watari et al. 2005)
1×10^{7}cfuのサルモネラ菌を経口投与

あるE. faeciumおよびビフィドバクテリウム・テルモフィルム(Bifidobacterium thermophilum)に対しては増殖促進効果を持っていることも明らかにされている。

図3は、ワクチン処理していない鶏、ワクチン処理した鶏、木酢液をカシ類樹皮活性炭に吸着させた木酢液粉末(商品名:ネッカリッチ)を与えた鶏のそれぞれにサルモネラ菌を経口摂取して、その後の糞便中のサルモネラ菌数を日を追って調べた結果である。木酢液含有活性炭で処理した鶏の糞便中のサルモネラ菌数は、ワクチン処理したものよりも少ない。15日後でも無処理、ワクチン処理では結構な数のサルモネラ菌が依然として存在しているが、木酢液含有活性炭処理の鶏からはサルモネラ菌が消失していることがわかる。さらに、サルモネラ感染鶏の腸の内容物から菌を調べたところ、無処理、ワクチン処理鶏の盲腸、直腸からはサルモネラ菌が見出されたが、もう酢液含有活性炭で処理した鶏からは見出されていない。

以上のことから木酢液は有用微生物の増殖効果を持つが、サルモネラ菌の繁殖抑制には効果があることが明らかにされた。

平飼鶏舎床の鶏糞敷料混合物(平飼鶏糞)中のサルモネラ菌に対しても木酢液が消毒効果があることが確認されている(知・岡崎 2003)。ここで用いられている木酢液は針葉樹木酢液である。その効果は平飼鶏糞中の水分で、木酢液が薄められることによって効果が弱まっていくと考えられている。

8

食品病原菌に対する作用

8-1 燻製品の腐敗を防ぐ 116
8-2 液体燻製法 119

8-1　燻製品の腐敗を防ぐ

ウインナーソーセージなどの肉製品を腐敗から防ぐためによく使われる方法の一つが燻液による処理である。ここでいう燻液はアメリカやカナダでliquid smokeと呼ばれるもので、木材を燃焼した際に出る煙を水に溶解させたものであり、製炭の時に出てくる煙を空気冷却して凝縮させ、静置などによって精製した木酢液とはその製法に違いがある。

食品や土壌などや鳥、魚、昆虫などに分布するリステリアという病原微生物に対する燻液の効果が調べられている(Faith *et al.* 1992)。リステリア属は、グラム陽性桿菌で、このうちの代表的なものがリステリア・モノサイトゲネス(*Listeria monocytogenes*)という細菌である。この細菌は食肉、乳製品、野菜などに繁殖し、経口的にヒトにも感染する。この細菌は食品を加工、包装、配送するときにも繁殖し、リステリア症と呼ばれる病気を発症する。免疫力が低下しているに起こりやすく、発熱、頭痛、嘔吐などの症状が起こる。以下は、ウィンナーソーセージ滲出物を用いて行った結果である。燻液はCharSol Supreme社の市販品が使用されている。そのフェノール類濃度は同社によれば25〜30 mg/mlであるという。フェノール類の希釈は無水エタノールで行われている。**図1**はウィンナーソーセージ浸出物を燻液処理した場合のリステリ

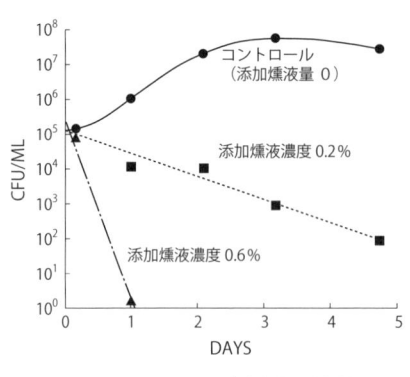

図1　ウィンナソーセージ滲出物を燻液処理した場合のリステリア菌の繁殖状況
　　(Faith *et al.* 1992)
　　注）25℃、114時間の経過。

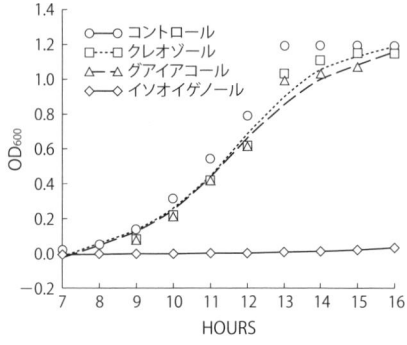

図2　木酢液の主なフェノール類をリステリア培地に添加したときのリステリア菌の繁殖状況(Faith *et al.* 1992)
　　注）培養温度 37℃。

表1　燻液(liquid smoke)の抗菌作用(Wendorff et al. 1993)

市販燻液の種類	コウジカビ Aspergillus oryzae	アオカビ属菌 Penicillium camembertii	アオカビ属菌 Penicillium roquefortii
菌の繁殖の遅延時間(h)			
コントロール	41.4b	59.7c	47.5b
Code-6、ヒッコリー	＞336.0a	196.5ab	107.6a
H-6、ヒッコリー	＞336.0a	145.7b	105.5a
M-10、メスキート	＞336.0a	136.1b	105.4a
LFB、広葉樹	＞336.0a	242.7a	110.8a
培地上の菌の直径			
コントロール	0.019a	0.050a	0.011b
Code-6、ヒッコリー	0.000b	0.005b	0.042a
H-6、ヒッコリー	0.000b	0.019b	0.052a
M-10、メスキート	0.000b	0.031ab	0.052a
LFB、広葉樹	0.000b	0.004b	0.056a

注）試験はチェダーチーズを30秒間、燻液に浸漬後のもの。
　　表中のa, b, cは違う文字間では有意差(p＜0.05)あり。

ア菌の繁殖状況である。0.6％添加では1日目にリステリア菌は消滅し、コントロールが増加していくのに対して0.2％添加でも徐々に減少していくのがみえる。**図2**はトリプトース培養液中(トリプトース：牛乳中に含まれるタンパク質が加水分解されたもの)でのリステリア菌に木酢液の主なフェノール類を添加して、リステリア菌の繁殖をみた結果である。イソオイゲノールが強い抗リステリア作用を示しているが、クレオゾール、グアイアコールにはフェノール類を添加しなかったコントロールと大差なく、抗菌作用がみられない。イソオイゲノールの濃度を50、100、150、200 ppmの4段階にあげていった結果、濃度に比例して抗リステリア活性も増加した。イソオイゲノールを入れたトリプトース培養液のpHを酢酸でpH 7.0からpH 5.8に調整すると抗リステリア活性も増加することから酢酸にも抗リステリア活性を増加させる働きがあることも明らかにされている。

　鮭の燻液処理がリステリア菌(L. monocytogenes、L. innocua)の繁殖阻害に有効であるとの報告も出されている(Vitt et al. 2001)。

　チェダーチーズを燻液処理しても強い抗菌作用が見られた(Wendorff et al. 1993)。**表1**はチェダーチーズを4種類の市販燻液中に30秒間浸漬した後のカビ類の繁殖状況を示している。4種類の燻液のすべてで、カビ類が生じる時間は明らかに遅くなっている。特に遅延効果が大きいのはコウジカビ(Aspergillus oryzae)の場合で、コントロールが41時間のところ、市販燻液では336時間以

表2　デスク法によるフェノール類(0.02 M)の抗カビ作用 (Wendorff et al. 1993)

フェノール化合物	阻止円の直径(cm)		
	コウジカビ Aspergillus oryzae	アオカビ属菌 Penicillium camembertii	アオカビ属菌 Penicillium roquefortii
m-クレゾール	3.6	2.2	0.0
p-クレゾール	4.8	1.8	0.0
グアイアコール	4.9	0.0	0.0
4-メチルグアイアコール	6.4	0.0	0.0
シクロテン	0.0	0.0	0.0
シリンゴール	0.0	0.0	0.0
フェノール	0.0	0.0	0.0
イソオイゲノール	4.6	3.3	3.5
イソオイゲノール(0.005 M)	2.4	1.7	1.7
イソオイゲノール(0.01 M)	3.9	2.4	2.3

注）試料デスク直径は1.27 cm。

上になっている。カビ類の成長度合を示す培地上の直径でもコウジカビでは0であり、カビ類の成長が見られない。それに比べて、アオカビ属菌ペニシリウム・ロックフォルティ (Penicillium roqueforii) ではカビ類の初期の成長は抑えることができるものの、一たび、カビが生えだすとコントロールよりも勢いよく繁殖することがわかる。

　この場合も抗菌活性成分はフェノール類であることが予想される。そこで、燻液に含まれる主なフェノール類の抗菌作用を調べた結果が**表2**である。3種の菌に対して抗菌作用を示したのはイソオイゲノールだけであった。m-クレゾール、p-クレゾールはコウジカビのほかにアオカビ類の一種ペニシリウム・カメンベルティ (Penicillium camembertii) にも抗菌作用を示している。アオカビ類 (Penicillium spp.) やクロカビ (Aspergillus niger) が燻液 (liquid smoke) に弱いことは他の報告でも知られている (Wendorff et al. 1981)。

8-2　液体燻製法

　ウィンナーソーセージなどを直接、煙でいぶして燻製処理することによって病原菌の繁殖を防ぎ、保存性を高めるのに効果があることはよく知られており、行われているが、8-1で述べた結果は、燻液に浸すことによっても効果があることを示している。

　魚やハムなどを煙でいぶして燻製品は作られる。香ばしさが風味を一層引き立てる。食欲を誘う香りである。しかし、薪を燃して煙でいぶす燻製法には発がん物質の3,4-ベンゾピレンなどの多環性芳香族炭化水素が含まれてくる可能性がある。このような多環性芳香族炭化水素は、燃焼温度が高温の時に発生する。炭化の場合には空気流量を限定して温度の上昇を抑えているが、燃焼状態ではそれがなく、温度は高温となる。また、木酢液採取に当たっては、木酢液を採取する時の排煙口の温度を限定し、さらに静置することなどによって精製しているので、多環性芳香族炭化水素は混入しにくい。そこで、考えられたのが木酢液に食品を浸漬する液体燻製法である。液体燻製法は、初代日本木酢液協会会長の岩垂荘二氏によって考案された（岩垂 2002）。岩垂氏が精製木酢液で魚肉ハム、ソーセージの燻製品をつくることに成功したのは昭和25〜30年ごろである。液体燻製法は8-1で述べた燻液処理とは異なり、精製された木酢液に食品を浸漬する方法であり、発がん物質等の物質に侵されることなく安全な方法である。

9

消臭作用

9-1 悪臭と消臭 122
9-2 し尿の消臭 125
9-3 家畜糞尿の消臭 128
9-4 瓦礫の消臭 136

9-1　悪臭と消臭

　悪臭は騒音、振動とともに苦情を引き起こす大きな原因の一つである。屋内、屋外の多くの場所で悪臭は発生する。一般の人がどのようなにおいを悪臭と感じているか、その意識調査を当時の環境庁が調べている。**表1**は屋内の、そして**表2**は屋外で悪臭と感じているものを示している（谷田貝・川崎 2003）。屋内ではトイレの臭気、次いで生ごみ臭であり、屋外ではごみ集積場、次いで側溝のにおいとなっている。トイレ臭にはアンモニア、トリメチルアミン、メチルカプタン、硫化水素、インドールなどが含まれているし、生ごみ臭にはトリメチルアミン、硫化水素のほかに、アルデヒド類や低級脂肪酸類も含まれている。一概に屋外、屋内臭気といってもその物質は幅広く、複雑な構成になっている。悪臭を構成する成分の数も無数といっていいほど数多いが、それをわれわれヒトが悪臭と感じる検知閾値は、におい化合物によって大きな差がある。主な悪臭の検知閾値を示したのが**表3**である。一般にイオウ化合物は閾値が低く $10^{-4} \sim 10^{-5}$ ppm という低濃度でにおいを感じるが、窒素化合物のスカトールではさらに低濃度の 10^{-6} ppm でにおいを感じる。しかし、窒素化合

表1　屋内臭気の意識調査
（香りと環境 2003）

1. トイレの臭気
2. 生ゴミ臭
3. 調理臭
4. 排水口のにおい
5. かび臭
6. 下駄箱のにおい
7. かべ臭
8. タバコのにおい
9. エアコンからのにおい
10. ペット臭
11. その他
12. 無回答

環境庁大気保全局公害課の調査（1991年度）の調査資料より。

表2　屋外臭気の意識調査
（香りと環境 2003）

1. ゴミ集積場
2. 側溝のにおい
3. 近所のゴミ焼き
4. バキュームカー
5. 近所のペット臭
6. 川、水路、池のにおい
7. 電車のバスの中
8. 自動車の排気ガス
9. 飲食店からのにおい
10. 公衆トイレ
11. 下水のマンホール
12. 農業
13. 工事現場、建設現場
14. 養牛、養豚、養鶏等
15. 各種製造業
16. 下水、し尿処理場
17. ビル汚水溝
18. その他

環境庁大気保全局特殊公害課（1991）の調査資料。

表3　悪臭のにおいと閾値（香りと環境 2003）

化合物		におい	閾値（ppm）
イオウ化合物	ジアリルスルフィド	ニンニク臭	0.00022
	メチルメルカプタン	腐ったタマネギ臭	0.00007
	硫化水素	腐卵臭	0.00041
窒素化合物	ジオスミン	カビ臭	0.0000065
	メチルアミン	生臭臭	0.035
	ジメチルアミン	腐魚臭	0.033
	アンモニア	刺激臭	1.5
	スカトール	糞便臭	0.0000056
	インドール	糞便臭	0.0003
脂肪酸	酢酸	刺激臭	0.006
	プロピオン酸	腐敗バター臭	0.0057
	酪酸	腐敗バター臭、汗臭	0.00019
	イソ吉草酸	腋臭	0.000078

注）閾値数字は検知閾値。

物の場合には化合物によって検知閾値に大きな違いがあり、アンモニアなどのように1.5ppmでないと検知できないものもある。高級不飽和脂肪酸が酸化されると分解し、低級脂肪酸となるが、これらも悪臭のもととなる。酪酸やイソ吉草酸などのように10^{-4}〜10^{-5}という低濃度の検知閾値のものもあれば、酢酸のように10^{-3}ppmで感じるものもあり、脂肪酸の場合も検知閾値の化合物の違いによる差は大きい。

　消臭のメカニズム、そしてそれに付随して消臭方法には**表4**に示す4方法が考えられている（川崎・堀内 1998）。感覚的方法は、悪臭によいにおいが覆いかぶさって悪臭を感じさせなくする方法で、よいにおいが消え去れば悪臭が表面に現れる。相殺は2つのにおいを混合し無臭にする方法で、相殺による消臭の例としては、桜餅の桜の葉のにおいのクマリンと糞便のにおいのスカトール、ユーカリとエチルメルカプタン、ジュニパーと酪酸、バニリンと塩素などが例として知られている。相殺は化学的にお互いのにおいが反応しているわけではない。

　化学的方法は悪臭が消臭物質と中和、付加、酸化、縮合などの化学反応を起こし悪臭以外の化合物に変化して悪臭を消す方法である。酸性の木酢液がアルカリ性のアンモニアと中和反応によって消臭するなどはよい例である。

　物理的方法は、悪臭の活性炭などの吸着材による吸着、吸収、密閉して悪臭を外に出さなくする方法や、換気によって悪臭を追い出す方法、悪臭物質自体を他の場所に移動する方法などである。

表4 消臭のメカニズム(川崎ほか 1998)

分　類	詳　細
感覚的方法	マスキング、相殺
化学的方法	中和、付加、キレート反応、縮合、酸化、還元
物理的方法	吸着、吸収、被覆、光照射(紫外線、空気イオン)密閉、換気、移動
生物的方法	微生物分解、殺菌作用

　生物的方法は悪臭をカビなどの微生物によって分解、あるいは悪臭発生源のカビなどを殺菌してしまう方法である。木酢液の消臭作用ではマスキングや木酢液構成成分による化学的メカニズムが考えられる。木酢液には多くの化合物が含まれており、それぞれが個々に特有の消臭作用を持つとすれば、幅広い悪臭に対応可能であることが想像できる。

9-2 し尿の消臭

し尿臭のアンモニア臭の消臭は、木酢液中の酢酸などの酸によるものだが、インドール、スカトール、メルカプタンなどのたんぱく質の分解したにおい、イオウ化合物による悪臭は木酢液中のフェノール成分による燻煙臭のマスキング効果によるものと考えられている（岸本 1974）。木酢液は古くからトイレの消臭に使われてきた。現在のように水洗式トイレが整備される前は、溜め置き式のトイレが普通だったので、アンモニア臭が漂うのが常だった。そのようなトイレの消臭に木酢液は最適だった。アルカリ性のアンモニアを酸性の木酢液が容易に中和するからである。

さて、それでは木酢液の消臭能力はどの程度なのだろうか。図1は200〜250 ppmのアンモニアを写真1に示す装置で、流量一定でアカマツ木酢液中を通過させたときのアンモニア濃度の変化を示したものである。このときにアカマツ木酢液のpHは3.32、酸度は1.21（mol/ℓ）、水分含量は88.1％であった。木酢液はおよそ2時間はほぼ100％の消臭能力を示しており、その後、徐々に消臭能力が低下し始めている。これに比べて対照として使用した水は約30分で消臭能力が減少し始めている。このことからアンモニアの消臭は木酢液中の水の寄与もあるが、木酢液中に含まれる有機成分であることがわかる（西本ほか 2001）。

図2は一定濃度のアンモニアガスを一定の流量で、針葉樹混合木酢液（CBと

図1 アンモニアに対する木酢液の消臭作用
（西本ほか 2001）

■ アカマツ木酢液　　　　　　　　◆ 10倍希釈針葉樹混合木酢液
□ 100倍希釈アカマツ木酢液　　　 ◇ 100倍希釈針葉樹混合木酢液
▲ 酢酸 0.72％　　　　　　　　　　△ 酢酸 0.0072％
○ 水

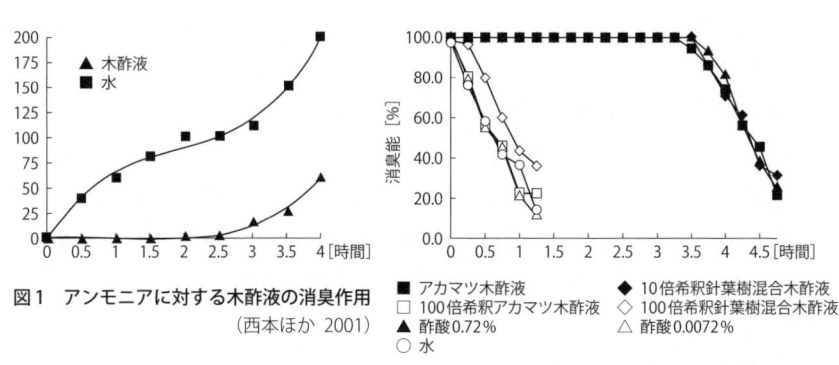

図2 木酢液のアンモニアに対する消臭作用
（西本 2002）

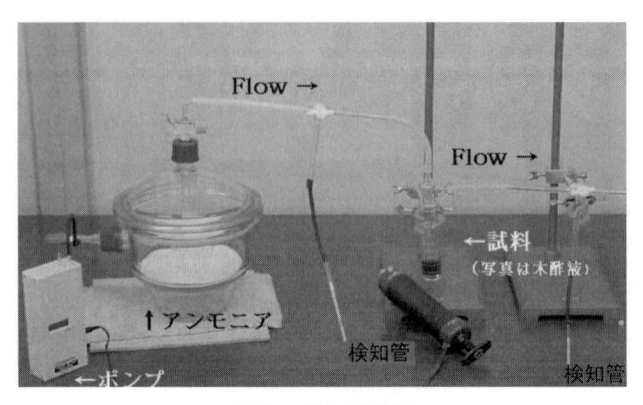

写真1　消臭実験装置

略）およびアカマツ木酢液（P）に通過させ、木酢液の消臭能力がなくなるまで経時的に測定した結果である。CB原液は7時間後に消臭能力が減少し始めたが（図2では省略）、CBに比べて酸度の低いPはおよそ4.74時間後に消臭能力が消失した。図ではCBの10倍希釈液とP原液が同等の消臭能力も持つことが示されている。酸度の低いPがCBよりも早く消臭能力が低下することはそれぞれの100倍希釈液で比較しても明らかである。さらに、木酢液Pと同じ酸度の酢酸水溶液では、Pと同じ時間に消臭能力が低下した。このことから、アンモニアの消臭は酢酸を主とする酸との中和反応で行われていると考えられる。

アンモニア通気後、木酢液の色が変色したので、UVスペクトルを測定すると吸収極大が270 nm前後から290 nm前後に長波長シフトし、また、フェノール性水酸基を持つグアヤコールもアルカリ性下で275 nmから290 nmにシフトしたことからフェノール性水酸基が色の変化に関わっていることが推定される（西本 2002）。

し尿の臭気は硫化水素、アンモニアが主であり、そのほかに、インドール、スカトール、メルカプタン、酪酸などが含まれていることが知られている。図3はし尿から発生する気体を木酢液に通過させて硫化水素の減少率をみた結果である（渡辺・今野 1977）。木酢液原液はおよそ3,000 ppmの硫化水素濃度を37％にまで減少させ、300倍希釈液でもおよそ半量の51％にまで減少させている。

図4はし尿100 mlに木酢液原液1 mlを滴下した時の硫化水素量の経時変化をみたものである。初期の硫化水素濃度は600 ppmであったが5分後には

```
無処理ガス (3,000 ppm)
木酢液原液 (20 cm 層)      37.0%
木酢液　600 倍希釈液       58.0%
　　　　300 倍希釈液       51.0%
　　　　150 倍希釈液       47.5%
　　　　100 倍希釈液       35.0%
            0        50       100
              硫化水素量 [%]
```

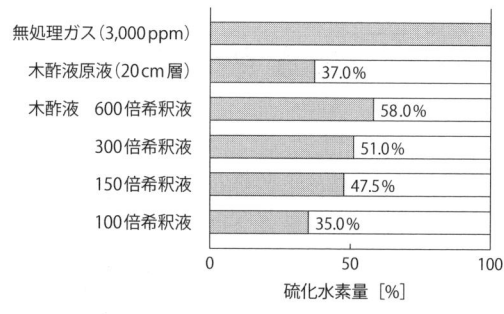

図3　し尿から発生する硫化水素に対する木酢液の消臭作用（渡辺ほか 1977）

```
                            600 ppm
し尿 100 ml からのガス
                   350 ppm
木酢液原液 1 ml 滴下 5 分後    58.5%
            100 ppm
30 分後      16.7%
          2 ppm
24 時間後   0.3%
         0        50       100
           硫化水素量 [%]
```

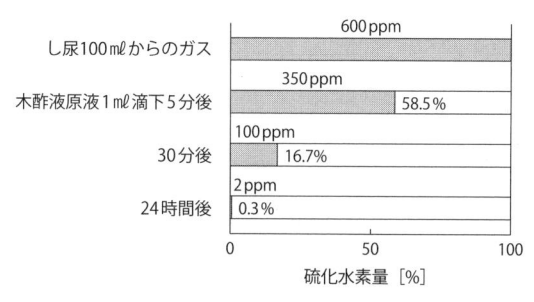

図4　し尿に木酢液を滴下した時の硫化水素量（渡辺ほか 1977）

表1　し尿に木酢液原液を滴下した時のアンモニア濃度
（渡辺ほか 1977）

	アンモニア濃度 (ppm)
し尿 1,100 ml からのアンモニアガス	75
100 分の一量の木酢液原液滴下直後	0

58.5％の350 ppm、24時間後には0.3％の2 ppmにまで減少している。

　表1はし尿から放出されるアンモニアに対する木酢液の作用をみたものである。75 ppmの濃度のアンモニアを放出しているし尿にその容積の100分の一量の木酢液を滴下した直後にはアンモニアは全く検出されていない。アンモニアなどのアルカリ性物質の消臭は酢酸などの酸性成分によって効率よく中和されていることがわかる。

9-3　家畜糞尿の消臭

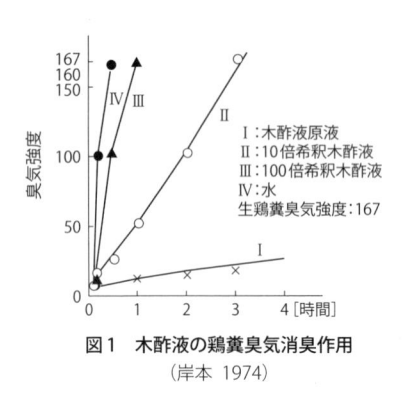

悪臭の中でも豚、鶏などの畜産動物から排泄されるし尿、糞の悪臭は不快感をもたらし、快適生活環境を造るのに支障となる。鶏、豚、牛などの家畜は人家の少ないところで飼育されていることがこれまでは多かったが、都市開発によって民家が農村部に進出するに従って住民の苦情のもととなることが多くなってきた。

図1　木酢液の鶏糞臭気消臭作用
（岸本 1974）

Ⅰ：木酢液原液
Ⅱ：10倍希釈木酢液
Ⅲ：100倍希釈木酢液
Ⅳ：水
生鶏糞臭気強度：167

図1は生鶏糞(なまけいふん)150gを洗浄ビンに入れ、これを80℃に加熱して、このとき発生する臭気を木酢液に通気して、木酢液通過後の排気の臭気強度を測定した結果である（岸本 1974）。生鶏糞そのものの臭気強度は167である。木酢液原液を通すと直後は臭気強度は0.5に激減し、その後徐々に臭気強度は増加するが、4時間後でも25で抑えられている。木酢液を10倍、100倍に希釈するにつれ、消臭能は低下する。100倍希釈液では直後は2.5であるが、1時間後には165となり、生鶏糞と同じ臭気強度となった。したがって原液では強い消臭効果が認められたが、10倍希釈液になると水と同様隣、ほとんど消臭効果は認められないことが確かめられている。

杉浦は東京都畜産試験場と共同で木酢液の鶏糞による消臭試験を行っている（杉浦 1974）。ビニルハウスに鶏糞を敷き詰め、鶏糞の悪臭を換気扇で隣接して設置した木炭～木酢液を入れた消臭槽に送り込み、消臭効果を調べたものである。ベイツガ樹皮炭40kgと針葉樹炭32kgに木酢液50ℓを含浸させたものを消臭槽に入れ、これに鶏糞720kg（含水率80～85％）から発散するアンモニアを通過させた結果、1日目はアンモニア除去率100％で、3～4日までの除去率は74～92％で大きな消臭効果がみられ、糞が乾燥するにつれ、木炭も乾燥してきて、6～7日目では60～71％のアンモニア除去率となった。

上記の実験とは別に、木酢液を含浸させた木炭を消臭槽に置き、鶏糞のにおいを木炭～木酢液の消臭槽を通過させてアンモニア臭気の減少度合いを検討し

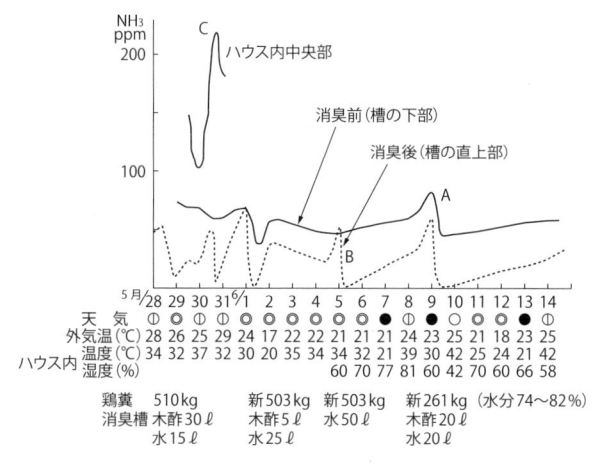

図2　木酢液・樹皮炭・木炭・水の複合材の鶏糞臭気消臭作用（杉浦 1974）

ている。その一例が **図2** である。消臭槽通過前よりも通過後の方が明らかにアンモニア濃度は減少している。日が経過するにつれて消臭効果は低くなるが、木酢液を加えると再び消臭効果が大になる。水だけを加えた時も消臭効果はみられるが、木酢液を加えることによって消臭効果に持続性が出てくることがわかる。

　ニワトリなどの家畜飼料に木炭を混合させて与えると糞のにおいが低減することが知られているが、木酢液を木炭に含浸させたものをニワトリの飼料に混合し与えた時にも排泄物の悪臭が減少する（杉浦 1974）。木酢液混入試料の場合にはコントロールに比べ、アンモニア濃度は43〜23％減少し、硫化水素濃度は85％低減する結果が出されている。パネリストによる臭気官能テストでも、コントロールに比べ木酢液混合飼料の方が消臭効果があることが確認されている。和牛による試験でもニワトリの場合と同様、木酢液混入飼料による消臭効果が認められている。

　木酢液が悪臭の消臭に効果があることは多くの実証実験によって知られているが、必ずしもどんな悪臭に対しても消臭効果を発揮するわけではない。アンモニア、トリメチルアミンなどの窒素化合物、n-酪酸などの低級脂肪酸に対しては強力な効果を発揮するが、硫化メチルなどの親油性の悪臭物質に対しては消臭効果は低い。以下にその実験例を示す（高原ほか 1992）。

　国内産広葉樹の炭化で得られた木酢液を6カ月間静置した木酢液を使用し

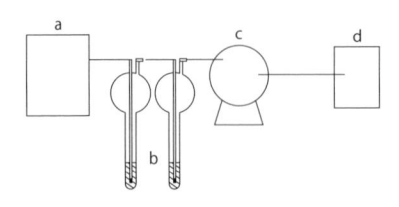

a：ポリエステル製バッグ（悪臭ガス）
b：吸収ビン（吸収液：木酢液）
c：ダイアフラムポンプ
d：ポリエステル製バッグ（捕集用）

図3 悪臭物質除去装置（高原ほか 1992）

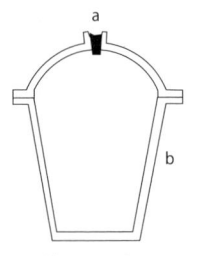

a：注入口セプタム
b：硬質ガラス製容器

図4 密閉容器（高原ほか 1992）

表1 木酢液の悪臭物質除去能力（高原ほか 1992）

悪臭物質	ガス濃度 (ppm)	悪臭物質の除去率(%)					
		20%木酢液	10%木酢液	3%木酢液	1%木酢液	3%木酢液＋1%Na_2CO_3	1%木酢液＋1%Na_2CO_3
アンモニア	15.6	97.9	97.9	98.3	98.7	97.7	92.3
トリメチルアミン	20.0	97.0	97.0	97.2	97.5	92.0	90.5
硫化水素	27.6	25.5	23.2	17.8	36.4	57.3	96.9
n-酪酸	24.0	95.5	96.0	98.0	92.0	97.0	93.0
硫化メチル	4.39	34.6	39.4	32.1	54.8	43.1	50.1
pH		5.16	5.11	5.05	4.89	6.91	9.41

て、アンモニア（29％）、トリメチルアミン（30％）、n-酪酸（99％）、硫化メチル（99％）について消臭効果が確かめられている。

　図3に示す装置の左側ポリエステル製バッグから悪臭を木酢液各 20 mℓ を入れた2連の吸収ビンを通過させ、右側の捕集用バッグに木酢液通過後の悪臭を捕集して悪臭濃度の減少度合いを測定している。表1はその結果である。炭酸ナトリウムはpHを高める目的で加えている。表1からは木酢液がアルカリ性物質であるアンモニア、トリメチルアミンでは90％以上、ほぼ100％に近い消臭率を示すことがわかる。低級脂肪酸であるn-酪酸でも92〜98％の高い消臭率を示している。一方で硫化水素に対しては17.8〜36.4％、硫化メチルに対しては32.1〜54.8％とかなり低い消臭率である。木酢液に炭酸ナトリウムを加えた場合には硫化水素は96.9％にまで消臭率が上昇するが、硫化メチルの場合には50.1％にまで上昇しただけであった。これは、硫化メチルが中性物質で、かつ親油性であるからだろうと著者は推測している。

　図4に示す密閉容器に悪臭と木酢液を入れた場合の消臭効果も調べられている。コントロールとしての水を基準とした除去率を示したのが図5である。

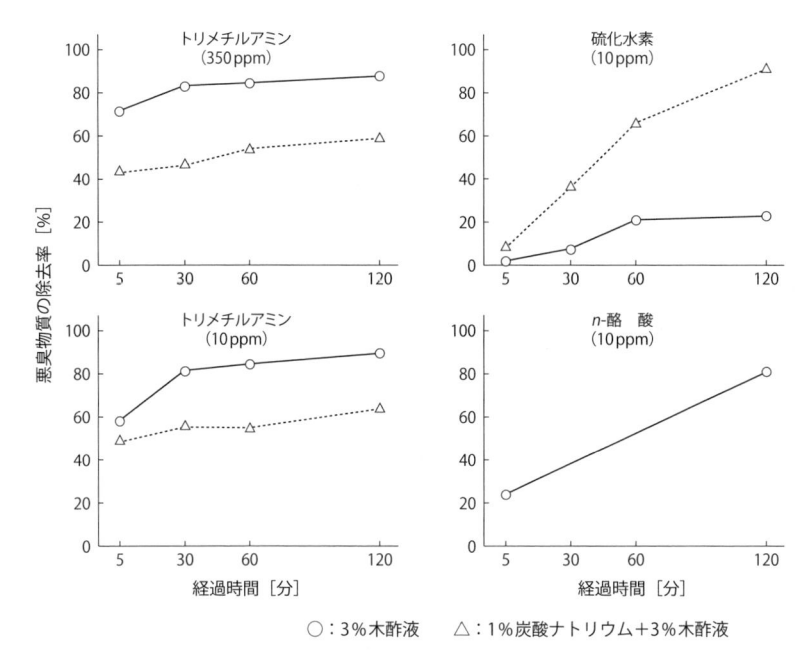

図5 密閉容器内における悪臭物質除去率の経時変化（高原ほか 1992）

○：3％木酢液　　△：1％炭酸ナトリウム＋3％木酢液

容器の容積は1ℓで、これに悪臭の数mlを注入し、次いでコントロールとしての水、あるいは木酢液、あるいは炭酸ナトリウム＋木酢液の各1mlを注入して悪臭濃度の経時変化が調べられている。トリメチルアミン（350ppm）の場合、3％木酢液で5分後には70％近くの消臭率を示し、120分後には80％に達している。10ppmのトリメチルアミンでも同じ傾向である。この双方の場合とも、木酢液に炭酸ナトリウムを加えた液体の方が消臭率は低い。

低級脂肪酸のn-酪酸では消臭速度は遅いものの120分で80％程度、300分で95％程度（図では示していない）の高い消臭率を示すことが確認されている。硫化水素の場合には木酢液だけでは除去率が低く、炭酸ナトリウムを加えてpH7に調製すると除去率は上がり、120分で80％以上の除去率を示した。

それではこれらの消臭効果はどの程度の期間、持続するのだろうか。**表2**はトリメチルアミンの木酢液による除去率の経時変化である。これによると2時間後に86.2％の除去率を示し、その除去率は時間の経過とともに上がり、13日後でも99.3％を保っている。トリメチルアミンの場合にはおそらく酢酸などの酸成分との中和反応なので中和反応生成物がそのまま、安定な形で日を経

表2　木酢液によるトリメチルアミン除去の経時変化(高原ほか 1992)

	2時間後	5時間後	24時間後	3日後	6日後	13日後
トリメチルアミンの除去率(%)(300 ppm)	86.2	97.4	99.3	99.2	99.3	99.3

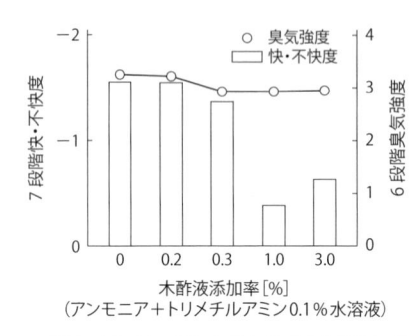

図6　アンモニアおよびトリメチルアミンの消臭効果(高原ほか 1992)

図7　n-酪酸の消臭効果(高原ほか 1992)

過しても存在しているために除去率が保たれていると思われる。

　図6、図7はそれぞれアンモニアとトリメチルアミン水溶液、n-酪酸について官能試験によって快・不快度、臭気強度を調べた結果である。アンモニア、トリメチルアミン混合液の場合、コントロール(木酢液添加率0%)で臭気強度は3.2であり、木酢液添加率が高くなっても臭気強度はほとんど変わりないが、快・不快度ではコントロールで−1.6であったものが1%添加では−0.5となり、不快度が大幅に軽減される。しかし、それよりも添加量を多くし3%になると木酢液のにおいが強くなり不快度が増大する。n-酪酸の場合にはやはり木酢液添加率が1%の時に不快度が最小になり、この場合には臭気強度も最小となる。これらの例から木酢液が悪臭に対して1%程度の添加率が最も官能的に消臭効果が現れるようである。

　前述の例は室内実験による結果であるが、実際に農場などのフィールド実験ではどうだろうか。室内実験は比較的小規模で、また、試験対象となるもの以外は極力省き、明快な結果を得ることに努めるのが通常であるが、農場のような、実際のフィールド試験では室内実験に比べ規模も大きくなり、試験対象物だけでなく、様々なファクターが複雑に入り込み、効果も明確に捕まえにくいことがある。家畜排泄物などの場合には腐敗あるいは発酵の進行によって悪臭

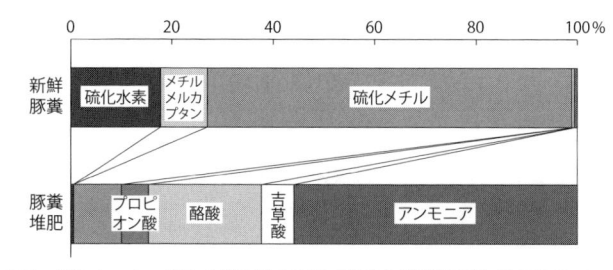

図8 デシケーター封入1時間後の豚糞の悪臭物質濃度割合（高原ほか 1993）

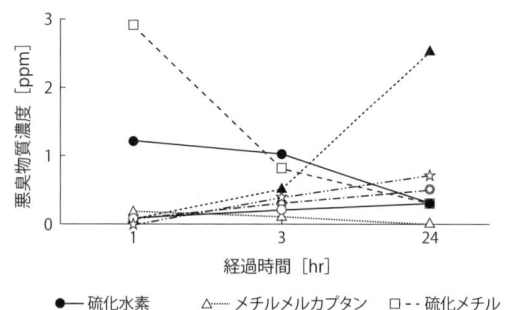

図9 新鮮豚糞の悪臭物質濃度の経時変化（高原ほか 1993）

の発生状況が変化するので、そのことも考慮した対応が必要である。
　以下は新鮮な豚糞ならびにオガ粉と新鮮豚糞を容積比で1：1に混合して堆肥舎に1週間程度堆積させた未熟発酵豚糞堆肥に対する木酢液の消臭効果について調べた報告である（高原ほか1993）。
　新鮮豚糞、および豚糞堆肥のそれぞれ50gを別々のデシケータに入れ室温状態でその悪臭成分を分析した結果が図8である。新鮮豚糞では硫化メチルが圧倒的に多く全体のほぼ70％を占めているのに対して、新鮮豚糞では微量であったアンモニアが豚糞堆肥では50％以上になり、悪臭の主要成分になっている。新鮮豚糞では硫化メチル、硫化水素、メチルメルカプタンなどのイオウ化合物が主であり、豚糞堆肥ではアンモニアとともに、酪酸、吉草酸などの低級脂肪酸類が多い。これから見ても家畜糞の悪臭が発酵過程で大きな成分変化を起こすことがわかる。新鮮豚糞の悪臭物質は図9に示すように24時間経過するにつれてアンモニア、酪酸や吉草酸が増加し、硫化メチル、硫化水素が減少し、豚糞堆肥の成分組成に近づいてくる。このように養豚場の臭気は豚糞

[グラフ: 木酢液添加後の悪臭物質濃度の経時変化。横軸 経過時間[hr] (0.5, 1.5, 3.0)、縦軸 悪臭物質残存率[%] (0〜100)。凡例: ●硫化水素、△メチルメルカプタン、□硫化メチル、○プロピオン酸、☆酪酸、○吉草酸、▲アンモニア]

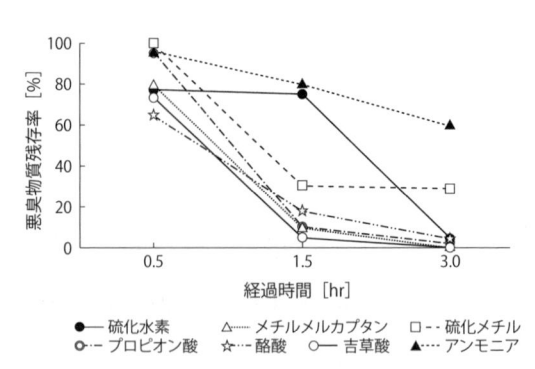

図10 木酢液添加後の悪臭物質濃度の経時変化(高原ほか 1993)

堆肥の臭気に似ており、酪酸、吉草酸などの低級脂肪酸を主な成分とした「腐敗臭」であることが明らかにされた。また、豚糞堆肥に木酢液を添加した場合、添加率6.6％の時に最も不快感が低下することもわかっている。

デシケーター中の悪臭化合物に木酢液を添加した場合、どの程度悪臭が残存しているかを調べたのが**図10**である。いずれの悪臭も0.5時間後にはそれほど除去されていないが、1.5時間後には硫化水素、アンモニアを除き他は5〜30％の残存率となり、さらに30時間後には硫化メチル、アンモニアを除いて他の悪臭化合物はほとんど残存していない。このことは良好な除去効果が現れるには3時間程度を要し、特に低級脂肪酸に対する消臭効果が大きいことがわかる。

次に示す事例は、実際の豚舎での豚糞の悪臭にどの程度の効果があるかを検証するために試験用に豚舎の代用として園芸用ビニルハウスで木酢液の消臭効果を調べた結果である(高原ほか1993)。

縦1m、横1m、高さ2mの園芸ビニルハウスの周囲を透明のビニルシートで覆ったものを2棟用意し、その片方に豚糞堆肥約200ｇの表面に木酢液原液12㎖(豚糞堆肥に対する木酢液の添加率6％)をスプレーで噴霧したものを置き、片方には木酢液の代わりに水12㎖を噴霧したものを置いて悪臭の除去能力が測定されている。ビニルハウス内の温湿度、豚糞の乾燥率は実際の豚舎とほぼ同一条件下にあることも確かめられている。**図11**はビニルハウス内での悪臭物質濃度の経時変化を示している。1時間後には木酢液検体のアンモニア発生量が多く、悪臭合計では対照よりも濃度が高かったが、3時間後には対照のアンモニア濃度が大きく増大しているのに比べて木酢液検体の方は木酢液の消臭

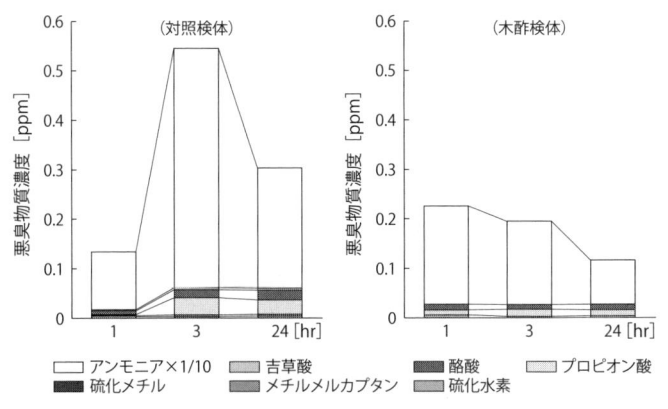

図11 ビニールハウス内における悪臭物質濃度の経時変化(高原ほか 1993)

効果が大きく働き、悪臭合計濃度が低減されている。

　木酢液を噴霧すると臭気質は「腐敗臭」、「家畜小屋臭」などの不快感の強い臭気から、木酢液のにおいを主とした弱い家畜臭に変化することもこの実験の結果、わかっている。

　木酢液の消臭作用はアンモニアなどのアルカリ性物質には酢酸などの酸類による中和反応によって起こるが、その他の化学反応やマスキングも働いていることが考えられる。酸成分を多く含む木酢液が酪酸や吉草酸などの低級脂肪酸の悪臭を効率よく除去するのも興味あることである。

9-4 瓦礫の消臭

2011年3月11日に東北東海岸を中心に起きた東日本大震災では多くの人の命が奪われ、また、家屋などの生活の必要な多くのものが流された。多くの家が並んでいた町は跡形もなく土台だけが残り、家々は瓦礫と化した(**写真1**)。そんな未曾有の被害にあいながらも、人々はありったけの力を絞り、また、被災地以外の人々からも多くの手が差し伸べられて、一時も早い復興を目指して活動している。そのような中で、町を再び整備するために町に氾濫していた瓦礫が一か所に集められたが、時が経つにつれ、瓦礫から発散する悪臭の問題が生じた(**写真2**)。近くに住宅があれば、住民からの苦情が出てくるのは当然のことである。その悪臭の消臭に威力を発揮したのが木酢液である。アンモニア臭などの悪臭を取り除くのに50〜100倍程度に水で希釈した木酢液を瓦礫に吹きかけたところ大いに力を発揮した(**写真3、4**)。

写真1　東日本大震災での津波の被害

写真2　集積された瓦礫の山

写真3　木酢液を散布して悪臭を消す

写真4　木酢液を詰めたタンク

10 木酢液の安全性

10-1　排煙の温度と成分 138
10-2　ホルムアルデヒド濃度 140
10-3　木酢液散布後の挙動 143
10-4　木酢液成分の経時変化 148

10-1　排煙の温度と成分

　木酢液の安全性は当然ながらその構成成分に起因する。健康を阻害すると考えられている有害成分が木酢液に実際にどの程度含まれているのだろうか。この関連の分析を専門に行っている(財)日本食品油脂検査協会によってわが国で採取されている代表的な木酢液数種について調べられた結果を以下にご紹介しよう(岡本 2004)。

　表1は木竹酢液に含まれる成分表である。表1では排煙口温度が一部不明のものもあるが、他は木竹酢液認証協議会が定めている80～150℃内で採取されている。メタノールは1,800～9,400 mg/ℓで、タケ、ウバメガシが高い数値を示している。ウバメガシでメタノールが他に比べて高い数値を示しているのは、黒炭窯よりも高温で炭化する白炭窯の影響があることも考えられる。ホルムアルデヒド濃度はタケがもっとも高く540 mg/ℓであった。発ガン性があることで知られている3,4-ベンゾピレン、1,2,5,6-ジベンゾアントラセン、3-メチルコールアンスレンはコナラ、ミズナラでそれぞれ0.2～0.1、0.1、0.1 ppbであった。JECFA(FAO/WHO合同食品添加物専門家会議 FAO/WHO Joint Expert Committee on Food Additives)の定める燻液規格では3,4-ベンゾピレンは2 ppb以下であるので表1での木竹酢液では余裕を持って安全域にあることになる。報告者によれば、3,4-ベンゾピレンなどの多環芳香族化合物が検出された2試料はタールと思われる浮遊物が存在したということなので、粗木酢液の静置による精製を徹底すれば検出限界以下(0.1 ppb)になる可能性も高い。

表1　木酢液・竹酢液の安全性に関わる成分の濃度(岡本 2004)

排煙口温度	原料	メタノール (mg/ℓ)	ホルムアルデヒド (m/ℓ)	ギ酸 (mg/ℓ)	比重	3,4-ベンゾピレン	1,2,5,6-ジベンゾアントラセン (ppb)	3-メチルコールアンスレン (ppb)
80～120℃	アラカシ	1,800	230	340	1.012	ND	ND	ND
	コナラ、ミズナラ	2,500	270	250	1.007	0.2	0.1	0.1
	タケ	9,400	540	230	1.008	ND	ND	ND
150℃	ミズナラ	1,900	250	220	1.007	ND	ND	ND
	ミズナラ	3,100	300	240	1.007	0.1	ND	ND
不明	ウバメガシ	8,600	260	－	1.021	ND	ND	ND
	ナラ、クヌギ	1,900	120	－	1.009	ND	ND	ND

注) ND：不検出、検出限界：0.1 ppb

表2 排煙口温度と木酢液成分の関係(岡本 2004)

排煙口温度	原料	ホルムアルデヒド (mg/ℓ)	フェノール類 (w/v%)	酸度 (w/v%)	3,4-ベンゾピレン(ppb)	1,2,5,6-ジベンゾアントラセン(ppb)	3-メチルコールアンスレン(ppb)
80〜150℃	クヌギ	530	0.2	3.8	ND	ND	ND
	クヌギ	68	0.2	3.4	ND	ND	ND
	アラカシ	380	0.3	5.4	ND	ND	ND
	タケ	730	0.4	4.6	ND	ND	ND
	タケ	550	0.7	7.1	ND	ND	ND
	コナラ	530	0.4	7.4	ND	ND	ND
	ウバメガシ	250	0.3	8.4	ND	ND	ND
	マツ	210	0.1	1.0	ND	ND	ND
230℃	コナラ	430	0.3	4.2	ND	ND	ND

表3 木酢液成分の蒸留効果(岡本 2004)

試料	ホルムアルデヒド (mg/ℓ)	フェノール類 (w/v%)	酸度 (w/v%)	3,4-ベンゾピレン(ppb)	1,2,5,6-ジベンゾアントラセン(ppb)	3-メチルコールアンスレン(ppb)
タール分	460	1.0	10.3	5,500	2,200	2,800
1回蒸留	94	1.4	10.2	0.1	ND	ND
2回蒸留	25	1.2	8.1	ND	ND	ND

　表2では排煙口温度80〜150で採取した木酢液、竹酢液では多環芳香族炭化水素はすべての試料で検出されなかったことがわかる。**表2**でもホルムアルデヒドがタケの場合に少し高めに出ている。排煙口温度が230℃になっても多環芳香族化合物は検出されていない。JECFAはフェノール類2〜20％、酸度2〜20％と定めているが、**表2**に示す試料はいずれもフェノール類、酸度の上限値よりも低いので安全域にあるといえる。

　粗木酢液を静置すると下層部にタールが沈降してくる。このタール部分にはどの程度の多環芳香族化合物が含まれているのだろうか。それを示したのが**表3**である。タール分には3,4-ベンゾピレン、1,2,5,6-ジベンゾアントラセン、3-メチルコールアンスレンがそれぞれ数千のオーダーで含まれているが、1回の蒸留で3,4-ベンゾピレンが0.1ppb検出されるほかは見出されていない。沸点の高い多環芳香族化合物は蒸留によって効率的に取り除くことができることがわかる。粗木酢液中には多環芳香族化合物は本来、含まれていないか、含まれていてもごく微量であるが、さらに静置することによっても沈降タールとして容易に取り除くことが可能である。

10-2　ホルムアルデヒド濃度

　ホルムアルデヒドも高濃度になると発がん性があることが知られている。ホルムアルデヒドは、合板製造の際に使われるホルムアルデヒド系の接着剤が合板が室内に建材として使われた後に放出されて喘息、呼吸困難、アトピーなどのシックハウス症候群の原因となって一頃、問題になったことがあった。その後、室内のホルムアルデヒド濃度は、WHOと同等の0.08 ppmというわが国の指針値が決められてからは、ホルムアルデヒドを大量に放出するような合板を製造メーカーが作るのを控えているので、ホルムアルデヒドの問題はひとまず収まったようである。これは大気中のホルムアルデヒドの濃度であり、液体や固体中でのホルムアルデヒドとは区別して考えねばならない。我々が日常口にする食品中には意外にホルムアルデヒドが含まれていることはあまり知られていない。表1はホルムアルデヒドを含む食品の1例である（大森ほか 1977）。少ないものでは長尾ダイの0.6 ppm、鳥獣肉類の0.5〜6 ppm、多いものでは乾燥シイタケが100〜230 ppm、冷凍タラ（組織中）が20〜150 ppmという具合に食品によってその量には大きな差があるが、ホルムアルデヒドを含んでいる食品類は少なくない。このようなこともあり、1970（昭和45）年10月付でシイタケ等の食品中にはホルムアルデヒドを自然に含むものもあるが、特に人の健康を損なう恐れがないと考えられ、また、ホルムアルデヒドについて画一的に規制することは必ずしも適当でないと判断されたために、ホルムアルデヒドの

表1　食品中のホルムアルデヒド（大森ほか 1977）

食品類の名称	含量(ppm)	食品類の名称	含量(ppm)
鳥獣肉類	0.5〜6	冷凍タラ(2)　組織中	25〜150
魚肉	6〜14	肝臓	23
燻製品	3〜30	冷凍スケソウ（背肉）	37〜57
果実（リンゴ、ナシ類）	2〜8	エビ	2.4
タラ	30	長尾ダイ	0.6
キュウリ	2.3〜3.7	ヤリイカ	1.8
冷凍タラ(1)　背肉	21	生シイタケ	6〜24
白身	4.6	乾燥シイタケ	100〜230
冷凍タラ(2)　背肉	13〜48	他のキノコ類（乾燥）	8〜20

注）冷凍タラ(1)、(2)は別の実験の結果。

表2 採取温度別ホルムアルデヒド濃度
(谷田貝ほか 2009)

温度(℃)	濃度(ppm)
82.20	120
84.50	170
86.80	210
86.50	240
94.00	280
102.90	300
121.45	410
139.60	490
159.25	390
All	260

表3 木酢液採取温度別ホルムアルデヒド濃度
(谷田貝ほか 2009)

温度(℃)	濃度(ppm)
80.00〜83.50	180
84.00〜84.50	220
85.00〜86.00	230
86.50〜90.00	200
95.00〜100.00	250
101.00〜105.00	260
110.00〜120.00	250
121.00〜130.00	270
135.00〜138.00	270
139.00〜140.00	270
145.00〜149.00	290
150.00〜155.00	290
156.00〜160.00	320
165.00〜190.00	170

規制に関する規定を削除するとの通知が厚生省環境衛生局長名で、各都道府県知事、市長あてに出されている(厚生省1970)。

　木竹酢液もホルムアルデヒドを含んでいるが、どの程度の量を含んでいるのだろうか。その濃度が健康を阻害する程度なのかどうかは興味あることである。**表2**は排煙口温度別に得られた木酢液中のホルムアルデヒド濃度を示している。ここでの木酢液はコナラを黒炭窯で炭化したときに得られたもので、排煙口中心部の温度80℃〜160℃前後までの排煙を温度を細かく区切り採取している(谷田貝ほか 2009)。この表からは80℃付近の低温では、ホルムアルデヒド濃度は比較的低く100ppm台に抑えられている。85℃を越えて初めて200ppm以上になり、100℃を越えて300〜500ppmとなる。最大値はこの表では140℃付近の490ppmであり、その後排煙口の温度の上昇とともにホルムアルデヒド濃度は低下する。**表3**は別の黒炭窯でコナラを炭化した時の結果である。これらの結果では、ホルムアルデヒドの濃度は最大でも500ppm以下であり、これはマウスによる毒性試験で、毒性を示す値以下であり、健康を阻害するような濃度ではないことを示している。

　ホルムアルデヒドは静置することでフェノール類がホルムアルデヒドなどのカルボニル類と重合し、沈降することが報告されている(西本ほか 2002)。ここではさらに詳しく温度別に採取された木酢液中のホルムアルデヒドが日にちの経過とともにどの程度、減少していくのかをご紹介しよう。**図1**は**表2**の木酢液中のホルムアルデヒド濃度をさらに経時的に6カ月間調べたものであ

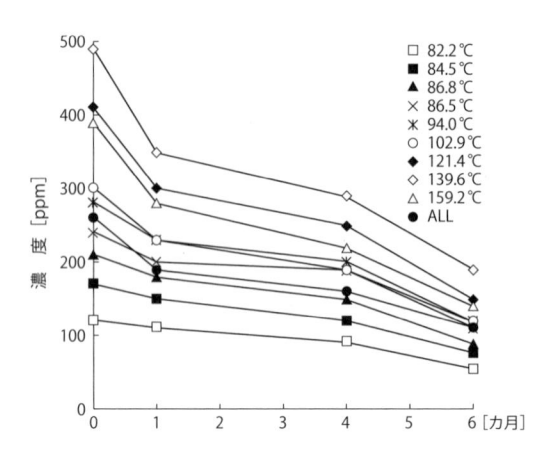

図1　木酢液採取温度別ホルムアルデヒド濃度の経時変化（谷田貝ほか 2009）

る。ホルムアルデヒド濃度は、いずれの場合も時が経つにつれて減少している。3カ月後にはいずれも350 ppm以下になり、これはマウスに対する毒性試験で試験され安全が確認されている600 ppmという値よりも大幅に低く、健康を阻害する濃度ではないことを示している。初期濃度が最大値の490 ppmであった木酢液も6カ月後には200 ppm以下になっている。ホルムアルデヒドの初期濃度が低めの木酢液は、経時的にホルムアルデヒドが減少する割合が低いが、濃度の高い木酢液は減少する割合が大きい傾向がみられる。1カ月程度の静置でホルムアルデヒド濃度が急激に低下することからも木竹酢液規格で定めている3カ月以上の静置期間は妥当な精製法といえる。

10-3　木酢液散布後の挙動

　木竹酢液の主な用途は農業用である。作物に散布したり、あるいは土壌に散布して用いるのが一般的である。土壌散布した場合、木酢液は当然ながら土壌のpHを変化させるが、その変化の度合いはどの程度なのか、木酢液は土壌に散布された後、どの程度残留するのかを調べたのが以下に示す実験である（谷田貝ほか 2009）。

写真1　木酢液散布前後の土壌を採取

　この実験では上述のコナラ木酢液と同じ木酢液が使用されている。1m四方の区画を横に3区画、縦に2区画、合計6区画設定し、横の3区画の間に50cm、縦の2区画の間に100cmの間隔をあけた。さらに、1区画を20cm四方の区割りが25個できるようにひもで区分けした。この試験区から木酢液散布前後の土壌を20cmの区分け分から採取（写真1）、水を加えてろ過、さらにろ液をクロロホルムで抽出してガスクロマトグラフで残留量を分析した結果が表1である。土壌中に散布した木酢液成分のうちに水不溶物の存在も仮定して土壌を直接クロロホルムでも抽出している。

表1　木酢液土壌撒布後の木酢液濃度の経時変化[3]

（谷田貝ほか 2009）

撒布濃度	直前	直後	2週間後	1カ月後
対照区	0.173[1] (1.000)[2]	0.070 (1.000)	0.169 (1.000)	0.083 (1.000)
100倍希釈区	0.103 (0.595)	0.081 (1.157)	0.069 (0.408)	0.113 (1.361)
原液区	0.093 (0.538)	3.457 (49.386)	0.225 (1.331)	0.082 (0.988)

注1）数値は内部標準（ノナデカン）の単位重量（1mg）当りのGC面積比に対する比。
　2）（　）内数値は、対照区に対する比。
　3）数値は各区2連をそれぞれ2回繰り返した計4回の平均値。

表2　木酢液散布後の土壌の酸性度は？

	pH
コントロール	5.95
10cm*	5.29
20cm	5.86
40cm	5.93
60cm	5.98
原　液	2.78

注）試料：ナラ木酢液。20cm以上の深さではphに影響がない。＊は木酢液確認された深さ。

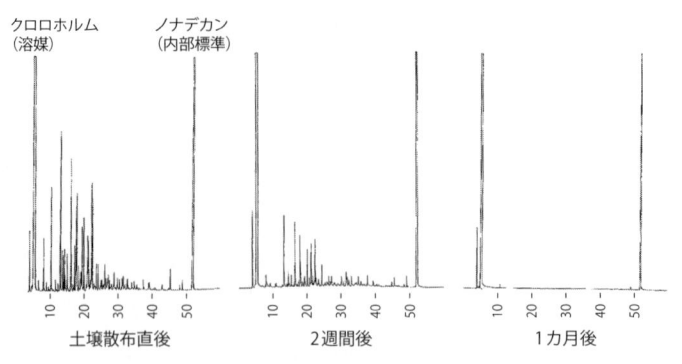

図1 木酢液土壌散布残留試験（谷田貝ほか 2009）
注）土壌から抽出後のガスクロマトグラフ。

　木酢液散布直後の原液区では対照区のおよそ50倍、100倍区では1.2倍の濃度を示しているが、2週間後には原液区で1.3倍、100倍区では0.4倍であった。このことからも2週間後にはほぼ対照区と同じとなり、水溶性の残留物質はほとんど存在しないことが明らかになった。1カ月後には原液区も対照区に近い値を示している。原液区の木酢液の減少の様子を示しているのが**図1**である。1カ月後には溶媒と内部標準を除いて、他のピークは見られない。

　図2は木酢液散布後の土壌のpHの変化の様子を示している。pH値は散布直後の原液区で4.92となり、これは対照区の6.36に比べてかなり酸性側に傾いているが、100倍区では6.40で対照の値と変わらない。1週間後には原液区で5.80、2週間後には5.98となり、対照区側に戻りつつあり、1カ月後には対照

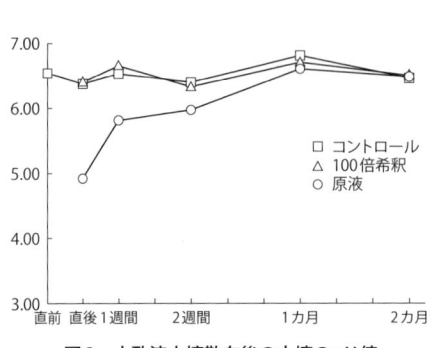

図2　木酢液土壌散布後の土壌のpH値
（谷田貝ほか 2009）

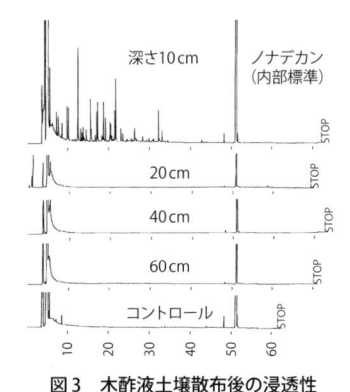

図3　木酢液土壌散布後の浸透性
注）散布した木酢液は10cm前後の深さにまで浸透する。

原液区（散布40日後）　　　100倍希釈区（散布40日後）

- 100倍区では対照区よりも成長がよい→
  成長促進作用
- 原液区では発芽がみられない→
  雑草防除作用
- 木酢液は濃度によって作用が変わる

対照（無処理区）（40日後）

写真2　適度の濃度の木酢液は植物の成長を促進する

とほぼ同じ値となる。このことからも原液を散布しても2週間から1カ月の間にpHは散布前の土壌のpHに戻ることがわかる。

　ここで用いられた木酢液のホルムアルデヒド濃度は230 ppmであったが、散布2週間後の土壌中のホルムアルデヒド濃度を測定すると、ホルムアルデヒドの検出限界（2 ppm）以下であり、ホルムアルデヒドの存在は認められなかった。

　散布後の試験区での雑草の生え具合をみると、例えば、散布後40日では、対照、100倍区では雑草がはびこりだしているが、原液区では雑草の生育はまったく見られない。そしてさらに、100倍区、対照区を比較すると100倍区の方が対照区よりも雑草の生え方が著しい（**写真2**）。この事実は、木酢液は濃度が濃いと除草の役目をし、薄いと成長促進作用を発揮することを物語っている。原液区で雑草が生えてこないのはおそらく散布直後に、高濃度の木酢液が雑草の種子を死滅させたり、宿根を枯死させたためと推察される。

　土壌撒布した木酢液は土壌中に浸透していくがどの程度の深さまで浸透して

木酢液散布後の土壌を採取して分析
写真3 木酢液を散布すると、どこまで浸透するか？

いき、土壌微生物や土壌小動物に影響を与え、また、作物に直接、刺激を与えるのか、不明の点が多い。そこで、**写真3**に示すような縦長の木製の容器を作り、それに土壌を詰めて上から木酢液を散布して、一定時間後に土壌を採取して、それに含まれる木酢液が分析されている。容器は高さ20cmのものを3つ組み合わせて、それぞれが上から外せるようになっているので上から20、40、60cmの土壌を分析できるようになっている。その結果、**図3**に示すように木酢液は深さ10cm程度までは浸透するがそれより深くは浸透しないことが明らかにされた。また、各深さのpHの測定結果でも深さ20cm以下では木酢液を散布しないコントロールとほぼ同じ値になっていることがわかる(**表2**)。

木酢液を葉面散布した時に葉菜などの葉の部分にどの程度のホルムアルデヒドが残留するのだろうか。散布を数回行った時に残留したホルムアルデヒドは蓄積していくのだろうか。コマツナを対象にその実証実験が行われた(木竹酢液認証協議会2011)。

カシを原木とした木酢液で、ホルムアルデヒド濃度が110ppmのものを200倍に希釈し、1.9ℓ/13.5m³の割合で1週間おきに4回コマツナに葉面散布

した。40日後に葉部を収穫し、ホルムアルデヒドを測定した結果、2ppmで測定限界で、ホルムアルデヒドは検出されなかった。このことから散布当初110ppmあったホルムアルデヒドも散布後は残留していないことが明らかになった。

　ハウスや畑で木酢液を散布するときにホルムアルデヒドが人体に降りかかりヒトの健康を阻害する可能性も考えられる。そこで農業用ビニールハウス内で木酢液を散布してホルムアルデヒドの気中濃度も測定されている（木酢液認証協議会2011）。長さ8.25m、幅4.5m、高さ2.4mの実大のビニールハウスを用いて実験は行われている。その中で200倍に希釈したカシ木酢液（ホルムアルデヒド濃度110ppm）とホルムアルデヒド濃度の高い市販木酢液（ホルムアルデヒド濃度1,300ppm）をそれぞれ1アール当たり20ℓの割合になるように散布した。カシ木酢液は第11章で述べる木酢液、竹酢液の品質を保証する木竹酢液認証協議会で認証された木酢液で、もう一方は市販の認証されていない比較的ホルムアルデヒドの濃度の高い木酢液である。散布直後に、検知管を用いてハウス内の約1mの高さのホルムアルデヒド濃度を測定した。測定場所はハウス中央部と両端部である。検知管の測定範囲は0.05〜1.0ppmである。測定では検出最低濃度の0.05ppmでも検出されなかった。WHOやわが国の室内ホルムアルデヒド濃度の指針値は0.08ppmであるので、この実験でのビニールハウス内でのホルムアルデヒド濃度は指針値以下であり、健康を阻害しない濃度であることが確かめられた。

　実験動物であるラット用いて木酢液が健康を阻害するかどうかの実証も行われている。クヌギおよびスギの木酢液のラットに対する急性経口毒性試験では、死亡等の異常は認められず、毒性の強さを評価するのに用いられるラットの半数が死亡する濃度、半数致死量LD_{50}値は2,000mg/kg以上であった（残留農薬研究所2004）。

　さらに長期にわたって試験する90日間反復経口毒性試験がラットによって、同一のクヌギ、スギ木酢液を用いて行われた。その結果、一般状態の観察、機能検査では木酢液投与に関連づけられる変化は特に認められず、無毒性量はクヌギ木酢液では雄雌とも1,000mg/kg/日、スギ木酢液では雄が300mg/kg/日、雌が1,000mg/kg/日であった（残留農薬研究所2005）。

10-4　木酢液成分の経時変化

　炭化時に排出される排煙を煙突で空気冷却して得られる凝縮液は、最下層の木タール、上層の薄い油層と木タールと油層の間の粗木酢液とから成っているが、これらは目では3層に分離しているものの、木タール成分の微量は粗木酢液中に溶解タールとして、粗木酢液成分は逆に木タールに溶け込んでいる。静置することによって粗木酢液中に溶け込んでいた溶解タールは浮遊物あるいは容器内壁への付着物となって現れる。さらに、放置すると赤褐色ないしは暗赤褐色の沈殿物が現れる。沈殿物は溶解度の低い溶解タールであることもあるが、木酢液成分が重合して不溶化したものもある。コナラ木酢液、複数の針葉樹を混合した針葉樹混合木酢液を40℃明所、40℃暗所、室温暗所に静置して以後、定期的に6カ月間、比重、pH、透視度、水分を測定すると、それらは温度、光にあまり影響を受けないことが分かった。温度の影響もあまり見られなかったのは40℃と室温の間の温度差が小さかったためであろう。pH、比重の経時変化を**図1**、**2**に示す。6カ月後の成分分析の結果では、有機物中の酢酸含量が増加傾向にあることがわかった。これは酢酸以外の成分が減少したためであり、なんらかの成分間での化学変化が起きている可能性が示唆される。そこで、沈殿物のNMRを測定するとカルボキシル基由来、フェノール性水酸

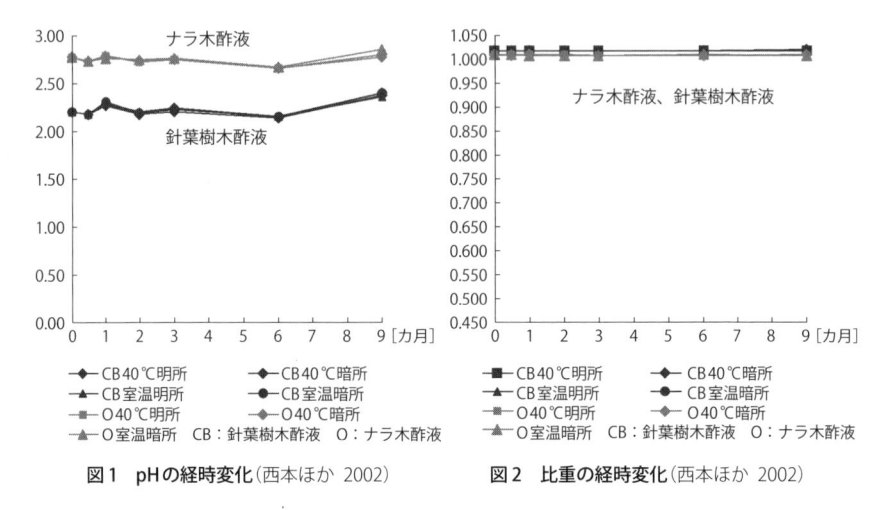

図1　pHの経時変化(西本ほか 2002)　　**図2　比重の経時変化**(西本ほか 2002)

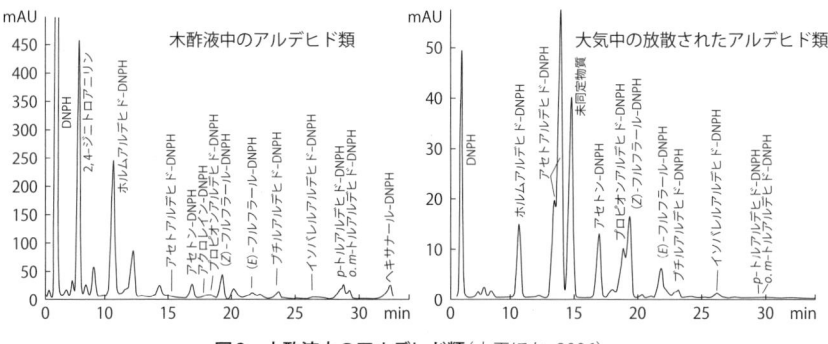

図3 木酢液中のアルデヒド類（大平ほか 2006）

基由来のピークが見られることから、木酢液中のこれらに関連する化合物が重合、沈殿することが推測されている（西本ほか 2002）。

さらに、木酢液成分の経時変化を調べた結果、カルボニル化合物のアセトール、2-シクロペンテン-1-オン、フルフラール、アセトキシ-2-プロパノン、フェノール性化合物の4-メチルグアヤコール、4-エチルグアヤコールの含有量が減少する傾向が観察されている。このことからこれらの物質が、木酢液の沈殿物の原因となっていることが推定されている（西本ほか 2002）。

木酢液中のホルムアルデヒドはどの程度大気中に揮散するのだろうか。木酢液から揮発する成分を捕集し、木酢液中のホルムアルデヒドと、大気中に揮散したものとを比較した図が **図3** である（大平ほか 2006）。ここではアルデヒド類をHPLC（高速液体クロマト装置）で検出しやすくするためにDNPH誘導体にして分析している。ホルムアルデヒドは木酢液中と放散したものとを比べると相対的に放散したもののピークが小さく、木酢液中のホルムアルデヒドは揮発しにくいことが分かる。それに比べてアセトアルデヒドのピークは放散したもので大きい。ホルムアルデヒドは水中ではパラホルムアルデヒドのように複数分子が結合した形をとっているので揮発しにくいものと思われる。

木酢液中のホルムアルデヒド濃度はどのように減少していくのだろうか。その様子を示したのが **図4** である（大平ほか 2009）。ここで用いられた木酢液はコナラ、カシを炭材として一般的な炭化炉で炭化したときの排煙口温度80℃〜150℃のものである。炭化直後に得られた粗木酢液をガラス容器に入れ密栓して室温（15〜28℃）、低温（5℃以下）で保管した。室温静置したものはアルミホイルで遮光したもの、しないものの2種類を用意した。

図4　木酢液中のホルムアルデヒド濃度の経時変化（大平ほか 2009）

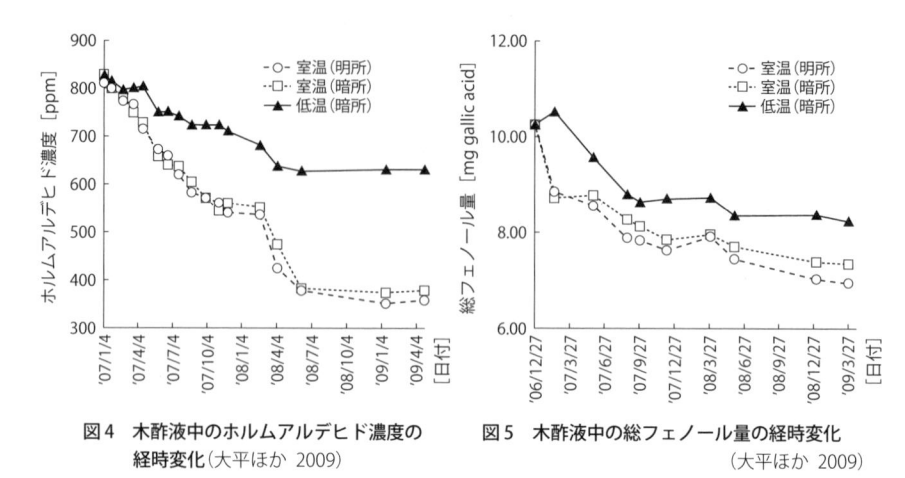

図5　木酢液中の総フェノール量の経時変化（大平ほか 2009）

　図4は静置後28カ月間のホルムアルデヒド濃度の変化を示している。室温暗所、明所の2種類はほぼ同じ傾向を示しながら濃度が低下しており、その間に有意差は見られない。
　このことからホルムアルデヒドの減少には光の影響は無いことが推定される。室温静置したものに比べて、低温静置したものはホルムアルデヒド減少の割合が小さく、緩やかに減少している。このことからホルムアルデヒドの減少には温度が関わっていることが予想される。一方、木酢液中のホルムアルデヒドは揮発しにくいことが知られているので（大平ほか 2006）、揮発するだけでなく、化学反応性に高いホルムアルデヒドの特性から考えて、木酢液中で何らかの変化を起こし、その濃度が減少したことが予想される。
　図5は上記の木酢液の総フェノール類の濃度を28カ月間測定した結果を示している。この場合にも室温明所および暗所での総フェノール類が減少していく様子は、ほぼ一致しており、低温静置では、減少していくもののその減少度合いが緩やかである。このことから総フェノールの減少もホルムアルデヒドと同様、光の影響はなく、温度の影響が大きいものと思われる。ホルムアルデヒド、総フェノールのいずれも静置後12カ月間での減少率が高いことも考えに入れて、ホルムアルデヒドとフェノール類が結合、重合して、ホルムアルデヒド濃度が減少していくことが推定される。
　ホルムアルデヒドはフェノール樹脂などの接着剤合成に利用されるなど、フェノール類との化学反応性が高く、このことからもホルムアルデヒドとフェノール類が縮合などの化学反応を起こしていることが推察される。

11 木竹酢液の規格と認証制度

11-1　木・竹酢液は有機農産物栽培の土壌改良資材 152
11-2　木竹酢液の規格［資料／木酢液・竹酢液の規格］.............. 153
11-3　木竹酢液の認証制度 159

11-1　木・竹酢液は有機農産物栽培の土壌改良資材

　木質系素材を炭化して得られる木酢液、竹酢液は、その製造過程で化学物質を一切、使用していない。そのような点からも木酢液、竹酢液は正真正銘の天然物である。これまでの章で述べてきたように、木酢液、竹酢液は、作物などの成長促進、病害虫の防除など、農業面では大いにその効果を発揮する。

　ところで、2000年1月の農水省告示第59号の「有機農産物の日本農林規格」（JAS）では、有機農産物の生産に使用可能な「肥料及び土壌改良資材」を限定している。それらは天然物質又は天然物質に由来するもので、また、化学的に合成された物質を添加していないものと限定しているが、「その他の肥料及び土壌改良資材」として、天然物質を燃焼、焼成、溶融、乾留、又は鹸化することにより製造されたもの、並びに天然物質から化学的な方法によらずに製造されたものが挙げられている。木酢液、竹酢液は、まさにこの要件に当てはまる物質であり、有機農産物の栽培に利用できる物質である。しかしながら、市場に出回る木酢液、竹酢液は、後述のような理由で、その品質も一様でなく幅広い。そこで品質を統一し、一定の枠内に入れる規格が必要になってくる。

11-2　木竹酢液の規格

　木酢液は多いときには200種類ほどの成分を含んでいる。それほどに多くの成分で構成される木酢液はその働きも多様で幅広い。しかしながらその構成成分は、炭材、炭窯の種類、炭化温度などによって微妙に違ってくる。木酢液の主要な成分は、製造条件によって大きな違いは無いものの、含まれる化合物の種類、含有率に違いがみられる。わが国のように小規模分散的に製炭される場合には、木酢液ごとに品質に差が現れ、その作用にも違いが現れてくる。製炭者が異なれば、木酢液の品質も異なり、使用した時の作用が違ってきて再現性に乏しい結果になりかねない。消費者に信頼して使用してもらい、木酢液の普及拡大を図るためにも、品質のばらつきが少なく、ある一定の枠内に入る木酢液の規格が必要である。そこで、日本木酢液協会は林野庁の支援を受けて木酢液の規格作成を行った。この規格作成は林野庁特用林産物需要拡大促進事業の一環として行われたものである。規格作成に当たり、広く意見を集約するために、製炭者、流通業者、消費者、関連団体、大学および研究機関の研究者、行政等の広い範囲からの委員で構成される委員会が組織され、これに林野庁特用林産対策室、農水省東京農林水産消費技術センターがオブザーバーとして加わり、規格は作成され、2001（平成13）年2月に公表された（日本木酢液協会 2001）。この規格はその後、さらに後述する木竹酢液認証協議会でさらに検討、一部修正され、現在の木竹酢液認証に利用されている（木竹酢液認証協議会 2007）。著者は日本木酢液協会の規格作成の段階から認証協議会の規格作成まで関与してきたのでその作成の経過なども交えて規格についてご紹介する。

　規格は適用の範囲、用語の定義、種類、原材料、品質、製造方法、精製、試料の採取方法、試験方法、容器、表示の10項目からなっている。その概略を以下に紹介する（実際の規格は156頁資料を参照）。

　「1．適用の範囲」　最近の木竹酢液の用途はそのほとんどが農業用であるので農業用資材を主に念頭に置いて規格作成が行われたが、この規格作成の本来の目的が木竹酢液の利用拡大をねらったものであるので、農業用資材に限らず、用途を広げ、消臭剤、動物用忌避剤も含むこととしている。

　「2．用語の定義」　ここでは木竹酢液の種類などが述べられている。炭化炉

からの排煙が冷却・凝縮したばかりのものが粗木酢液、あるいは粗竹酢液であり、それを90日以上静置して、上層の軽質油、最下層の沈降タールを除いた中層部を木酢液、竹酢液としている。さらに、粗木酢液あるいは粗竹酢液を直接蒸留、あるいは木酢液、竹酢液を蒸留したものを蒸留木酢液、蒸留竹酢液としている。すなわち、木竹酢液を、粗木竹酢液、木竹酢液、蒸留木竹酢液の3分類している。

「3. 種類」は木竹酢液と蒸留木竹酢液の2種類としている。採取したてで、精製前の粗木竹酢液は、溶解タールや不安定成分などを含む可能性があるので、製品として販売することや使用することはしないこととした。

「4. 原材料」 原材料を広葉樹、針葉樹、タケ類、その他の4区分としている。その他はオガ粉、樹皮、オガライトなどである。原材料には原材料以外の異物を含まないこととしている。すなわち、原材料を天然素材そのものに限っており、防腐剤、殺蟻材、塗料などを付着した木質系素材は原材料として認めないこととした。除外する原材料としても記されているように、住宅・家具などの廃材、殺虫消毒された剪定枝、輸入木材などや、防腐処理された土台、枕木は原材料として認められていない。

木酢液は空気の供給を少ない状態で燃焼、あるいは乾留させたものなので、有機農産物を育てるのに使用可能な資材である。しかし、防腐剤、殺虫剤、接着剤などの化学合成物質が添加されていれば有機農産物育成に適合しなくなる可能性がある。そこで、木酢液の主な用途が農業用である現状も踏まえて、薬剤等の異物を含む原材料を除外することとしたのである。

木竹酢液の用途が農業以外のものであるにしても、化学合成物質を含んだ原材料を炭化したときに得られる木竹酢液中には化学合成品、あるいはその分解物が含まれてくる可能性があることと、それらが蒸留等の精製で除去可能かどうかが現段階では不明であることから、原材料には異物を含まないこととしている。

「5. 品質」に関わる項目では、木竹酢液と蒸留木竹酢液の2つに分類してそれぞれにpH、比重、酸度、色調・透明度を規定して適合範囲を定めている（**表1**）。品質規格については含有成分等についても含めることも考慮されたが、この規格が木酢液利用の普及拡大を目的としているので、細かな化学的データを取り入れて複雑なものにするのを避け、また、高額な測定費用を要する試験項目を避けて、比較的容易に、迅速に測定できるものを取り上げることにした。

表1 品質に係わる試験項目及び適合範囲(木竹酢液認証協議会2007：資料1付表1)

	木酢液・竹酢液	蒸留木酢液・竹酢液
pH	1.5〜3.7	
比 重	1.005以上	1.001以上
酸 度	2〜12（%）	
色調・透明度	黄色〜淡赤褐色〜赤褐色 透明（浮遊物なし）	無色〜淡黄色〜淡赤褐色 透明（浮遊物なし）

しかし、次の段階としては木竹酢液に含まれるホルムアルデヒド等、特殊な成分の含有率の上限値を取り入れるなどの検討が必要となってくることが予想される。

「**6. 製造方法**」に関しては、製造装置、精製、蒸留、貯蔵の項目を設けた。ここで重要なのは、木酢液は酸性が強いので、排煙を冷却、凝縮させる採取装置、貯蔵、ろ過などには酸の腐蝕に強いステンレス、あるいはガラス、ほうろう引きされたものを使うことである。また、排煙口の煙の温度が80〜150℃のときに採取することを決めた。これは80℃以下では水分が多いこと、木酢液成分以外の精油等低沸点成分が含まれてくる可能性が高いこと、150℃以上ではベンゾピレン等の縮合多環芳香族化合物が含まれてくる可能性があることなどの理由からである。実際には通常の炭窯や炭化炉で炭化した場合にはベンゾピレン等は検出されないし、含まれているにしても安全な基準値以下である。

蒸留木竹酢液の場合には既に採取されている木竹酢液を蒸留で精製するので、排煙口温度は関係しない。

精製については前述しているが、90日以上静置して木竹酢液中に溶け込んでいる溶解タールを沈降させるためである。

「**10. 表示**」　ここでは販売・流通業者が製品に添付する表示を決めている。ここに示された項目以外でも販売業者独自の判断で、例えば、具体的な含有成分とその含有率など、品質に関わるものなどを表示しても良いこととした。

資　料

2006/11/29

木酢液・竹酢液の規格

木竹酢液認証協議会

1．適用の範囲

この規格は農業用資材(消臭剤・動物用忌避剤を含む)に供する木酢液・竹酢液について規定する。

2．用語の定義

(1) 粗木酢液・竹酢液
　　炭化炉(土窯・レンガ窯など)あるいは乾留炉により、木材・竹材を炭化する時に生じる排煙を冷却・凝縮させた液体。
(2) 木酢液・竹酢液
　　粗木酢液・竹酢液を90日以上静置し、上層の軽質油、下層の沈降タールを除いた中層の液体。
(3) 蒸留
　　液体の混合物を加熱し、沸点の差を利用して分離、濃縮する操作。
(4) 蒸留木酢液・竹酢液
　　粗木酢液・竹酢液又は木酢液・竹酢液を蒸留したもの。

3．種類

木酢液・竹酢液と蒸留木酢液・竹酢液とする。

4．原材料

原材料を下記の（1）～（4）の4種類に区分する。
(1) 広葉樹（ナラ、クヌギ、ブナ、カシ、シイなど）
(2) 針葉樹（スギ、ヒノキ、マツ、ツガなど）
(3) タケ類（タケ、ササ類）
(4) その他（オガ粉、樹皮、オガライト及び上記原材料の混合物）
　　但し、上記原材料には原材料以外の異物を含まないものとする。
(5) 除外する原材料
　　① 住宅・家具などの廃材
　　② 殺虫消毒された木材（剪定枝、輸入木材、松くい虫の被害木など）
　　③ 防腐処理された木材（枕木，杭木、電柱など）

5．品質
　木酢液・竹酢液及び蒸留木酢液・竹酢液は「8の試験方法」に則り下記の項目を試験し、付表1に示す内容に適合するものとする。
　（1）pH
　（2）比重
　（3）酸度（％）
　（4）色調・透明度

6．製造方法
　（1）製造装置
　　粗木酢液・竹酢液の製造装置は炭化炉（土窯・レンガ窯など）あるいは乾留炉とする。排煙口の温度80℃以上150℃未満で得られた排煙を冷却する（但し、蒸留木酢液・竹酢液はその限りではない。）。排煙を冷却、凝縮する採取装置、貯留，ろ過等の処理装置はステンレス（SUS304以上の耐酸性を有するもの）、ガラス、ほうろう引き等の処理を施された素材、木材など耐酸性の材料を用いたものを使用する。
　（2）精製
　　粗木酢液・竹酢液を90日以上静置した後、上層の軽質油を除去、さらに中層部分を下層の沈降タールから分液する。ほかに蒸留による精製、各種ろ材を用いたろ過による精製を含む。
　（3）蒸留
　　常圧蒸留、または減圧蒸留による。
　（4）貯蔵
　　耐酸性、遮光性のある容器で、冷暗所に貯蔵するのが望ましい。

7．試料の採取方法
　試料の採取方法は次による。
　（1）ロット
　　1ロットとは、同一の製造条件で製造したものを同一場所で同時に混合して作られた、同一品質とみなすことができる製品の集まりをいう。
　（2）試料の採取
　　各ロットごとに試料を採取し、これを試験に供する。採取量は1ℓとする。

8．試験方法
　（1）ｐＨ
　　　JIS Z 8802、あるいはペーハー試験紙により測定する。
　（2）比重
　　　標準比重計を用い、液温 15℃～25℃において測定する。
　（3）酸度（％）
　　　木酢液・竹酢液の酸性を酢酸によるものと仮定して計算する。木酢液・竹酢液 1ml の 100 倍液にフェノールフタレン液数滴を加え、2％NaOH または 0.1 規定 NaOH 液を徐々に加えて中和点を求める。
　（4）色調・透明度
　　　色調、濁りを裸眼で判定する。

9．容器
　　耐酸性容器を用いる。

10．表示
　　木酢液・竹酢液の容器等には下記の事項を表示する。
　（1）木酢液・竹酢液の種類
　（2）原材料
　（3）炭化炉の種類
　（4）商品名
　（5）内容量
　　　リットル（l）、ミリリットル（ml）
　（6）製造年月
　　　（（1）の木酢液・竹酢液を製造した年月とする。）
　（7）ｐＨ、比重、酸度（％）
　（8）製造者または販売者の氏名及び住所

11-3　木竹酢液の認証制度

　炭材の種類、炭化法の違いにより得られる木竹酢液の品質には差が出てくるが、これを一定の枠内に収め、農業用などに用いたときに再現性があり、信頼できる製品として普及することを目的として規格は作成された。次の段階としてその規格を使用して、世に出回っている木竹酢液が規格に適合しているかどうかを調べる必要がある。そこで、設立されたのが木竹酢液認証協議会である。

認証マーク

木竹酢液協議会の下の空白部分に認証番号を認証業者が押印する。

写真1　認証協議会で認証された 木・竹酢液に添付される認証マーク(左)とマークを添付した市販品

　この協議会は2003年に木竹酢液関係業界の日本木酢液協会、全国木炭協会、日本竹炭竹酢液生産者協議会、(社)全国燃料協会、日本炭窯木酢液協会、日本木炭新用途協議会の6団体によって設立された。この認証協議会には認証審査委員会が設置され、認証を希望して申請してきた生産者あるいは流通業者からの木竹酢液を規格に則って調査するとともに、別に現地調査員を現地に派遣し、製造、貯蔵などが適正に行われているかどうかを製造現場で調査している。これらの手順で調査された木竹酢液が規格に適合していれば、製品に添付できる認証マークが印刷された認証シールを発行している(**写真1**)。認証された製品に対しては認証後も毎年、品質検査による品質監視を行い、品質の安定化に努めている。認証期間は当初5年と定めていたが、毎年の品質監視によって認証業者の品質管理が徹底されていることもあり、また、業者への費用負担軽減も考慮して認証期間をさらに5年延期し、5年後に見直すこととしている。

　認証審査の手順を次頁**図1**に示した。認証の基準、認証システム体制、審査申請などについての詳細は木竹酢液認証協議会のホームページを参照されたい。

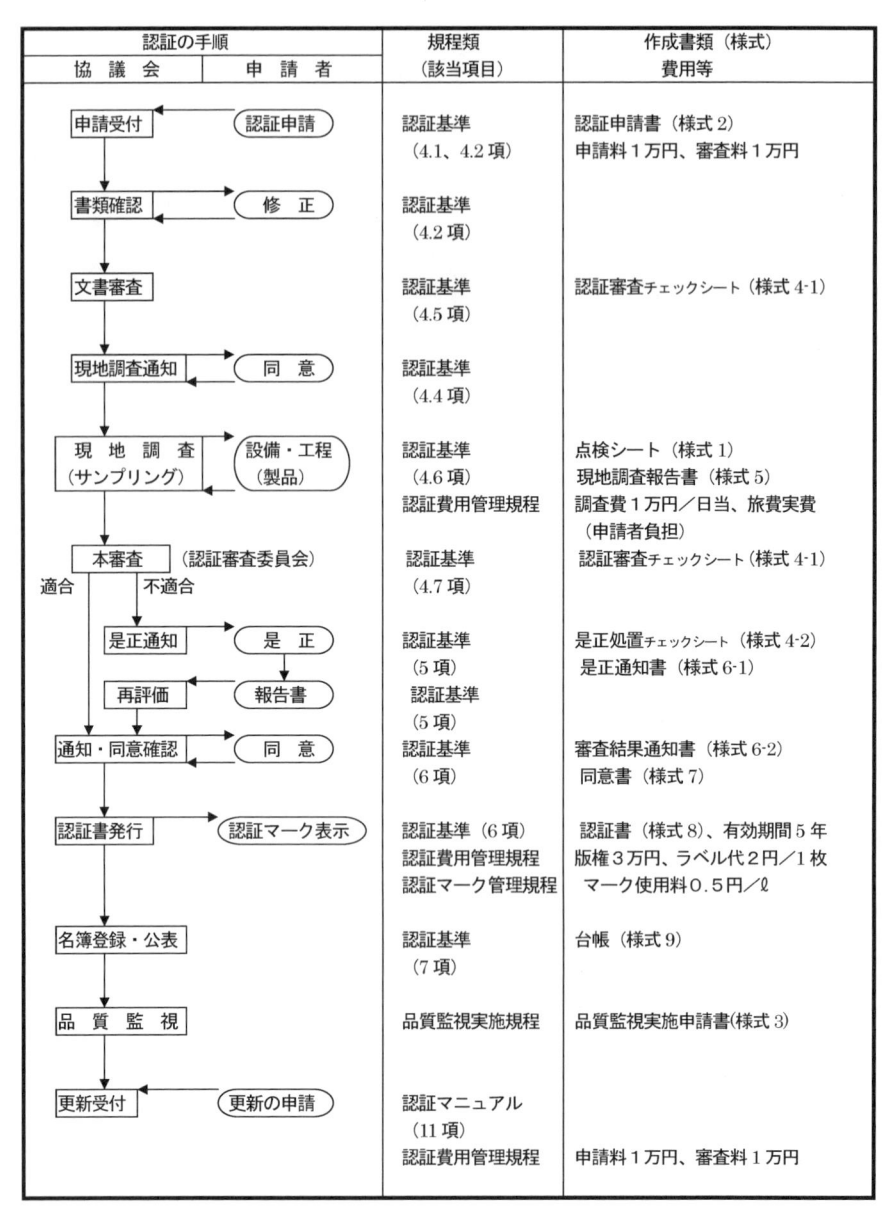

認証の手順		規程類	作成書類（様式）
協議会	申請者	（該当項目）	費用等
申請受付 ←	認証申請	認証基準 （4.1、4.2項）	認証申請書（様式2） 申請料1万円、審査料1万円
書類確認 →	修正	認証基準 （4.2項）	
文書審査		認証基準 （4.5項）	認証審査チェックシート（様式4-1）
現地調査通知 →	同意	認証基準 （4.4項）	
現地調査 （サンプリング） →	設備・工程 （製品）	認証基準 （4.6項） 認証費用管理規程	点検シート（様式1） 現地調査報告書（様式5） 調査費1万円／日当、旅費実費 （申請者負担）
本審査（認証審査委員会） 適合／不適合		認証基準 （4.7項）	認証審査チェックシート（様式4-1）
是正通知 →	是正	認証基準 （5項）	是正処置チェックシート（様式4-2） 是正通知書（様式6-1）
再評価 ←	報告書	認証基準 （5項）	
通知・同意確認 →	同意	認証基準 （6項）	審査結果通知書（様式6-2） 同意書（様式7）
認証書発行 →	認証マーク表示	認証基準（6項） 認証費用管理規程 認証マーク管理規程	認証書（様式8）、有効期間5年 版権3万円、ラベル代2円／1枚 マーク使用料0.5円／ℓ
名簿登録・公表		認証基準 （7項）	台帳（様式9）
品質監視		品質監視実施規程	品質監視実施申請書（様式3）
更新受付 ←	更新の申請	認証マニュアル （11項） 認証費用管理規程	申請料1万円、審査料1万円

図1　木竹酢液認証協議会「木酢液・竹酢液の規格」認証制度フローシート
（木竹酢液認証協議会 2007：資料2）

文　献

阿部房子、岸本定吉(1959):「すみがま木酢液のフェノール成分」、木材学会誌、5(2)、41-44頁。

池ヶ谷のり子、後藤正夫(1988):「シイタケ菌の子実体形成に及ぼすフェノール物質の効果」、日菌報、29、401-411頁。

市川　正、太田保夫(1982):「植物の生長発育に及ぼす木酢液の影響」、日本作物学会紀事、51(1)、14-17頁。

今村祐嗣ほか編(2000):『住まいとシロアリ』、海青社。

岩垂荘二(2002):「液体燻製法のすすめ」、New Food Industry、44(7)、44頁。

上原　徹ほか(1993):「種子植物に対する木酢液の発芽―成長促進作用」、木材学会誌、39(12)、1415-1420頁。

太田　明、張　利軍(1994):「木酢液分画物による食用きのこの菌糸成長と子実体生産の促進」、木材学会誌、40(4), pp. 429-433。

大平辰朗ほか(2006):「木・竹酢液に含まれるアルデヒド類」、第4回木質炭化学会講演要旨集、29-32頁。

───(2009):「粗木酢液中のホルムアルデヒド、総フェノールの経時変化について」、第7回木質炭化学会講演要旨集、5-59頁。

大森光明ほか(1977):「ホルムアルデヒド―その衛生化学―」、化学、32(3)、184-189頁。

岡野　健ほか編(1995):『木材居住環境ハンドブック』、朝倉書店。

岡本隆久(2004):「木酢液の規格及び安全性に関する分析法」、New Food Industry、46(8)、39-43頁。

折橋　健ほか(2000):「エゾヤチネズミによるカラマツ食害の化学的防除」、日林北支論、48、114-116頁。

化学工業日報社(1974):「新登録農薬一覧」、『農薬の手引』所収、11頁。

川崎通昭、堀内哲嗣郎(1998):「嗅覚とにおい物質」、(社)臭気対策研究協会、85頁。

河村のり子ほか(1983):「シイタケ菌の栄養生長および子実体形成に及ぼすリグニンおよびリグニン前駆物質の効果」、日菌報、24、213-222頁。

岸本定吉(1974):「木酢液の消臭効果と用途開発」、フレグランスジャーナル、2(3)、1-4頁。

木附久登(1998):「竹酢液による害虫忌避効果について」、富士竹類植物園報告、42、51-54。

栗木隆吉ほか(1989):「ブロイラーに対する「地養素」の給与試験」、岡山県養鶏試験場研究報告、30、1-4頁。

栗山　旭(1966):「木材炭化生産物の利用に関する研究(第1報)　木酢液の系統的分析について」、日本木材学会講演要旨集 16、190 頁。

厚生省(1970):「昭和 45 年 10 月 2 日付 環食第 429 号厚生環境衛生局長通知」。

小島康夫ほか(1998):「エゾヤチネズミによるカラマツの食害とその化学的防除法」、日本木材学会北海道支部講演集、30、49-51 頁。

─── (1999):「積雪化における野鼠摂食試験」、日本林学会北海道支部論文集、47、87-89 頁。

木幡　進ほか(2002):「高温炭を利用した簡易型浄水器の試作および竹酢液の殺菌効果」、水環境学会誌、25(5)、279-284 頁。

小林久平(1938):『木材乾溜工業』、丸善。

小林正秀(1993):「クリシギゾウムシの生物的防除技術の開発に関する研究」、京都府林業試験場報告、34-36 頁。

佐々木健二ほか(2001):「木酢液のケナフ(*Hibiscus cannabinus* L.)に対する発芽及び成長促進作用―アグロフォレストリー荒川村プロジェクト試験報告その1―」、第51回日本木材学会講演要旨集、632 頁。

佐藤拓道ほか(2006):「農産廃棄物から得た木酢液の成分と抗菌活性」、木質炭化学会誌、2、59-66 頁。

(財)残留農薬研究所(2004):「木酢液のラットにおける急性経口毒性試験報告書」、平成15年度農水省補助事業、環境負荷低減農業技術確立事業。

(財)残留農薬研究所(2005):「木酢液のラットにおける 90 日間反復経口毒性試験報告書」、平成 16 年度農水省農薬的資材リスク情報収集委託事業。

白川憲夫ほか(1995a):「木酢液の農業場面への利用(2)　(その1)木酢液の物性とイネ生育に及ぼす影響」、農業および園芸、70(7)、806-808 頁。

─── (1995b):「木酢液の農業場面への利用(3)　(その1)木酢液の物性とイネ生育に及ぼす影響」、農業および園芸、70(8)、899-903 頁。

─── (1995c):「木酢液の農業場面への利用(4)　(その2)木酢液中の主要成分のイネの生育に及ぼす影響」、農業および園芸、70(10)、1107-1111 頁。

─── (1995d):「木酢液の農業場面への利用(5)　(その2)木酢液中の主要成分のイネの生育に及ぼす影響(2)」、農業および園芸、70(11)、1217-1222 頁。

白川憲夫、深澤正徳(1998):「木酢液のシバ生育調節作用に関する研究(第1報)　木酢液がシバの生育に及ぼす 2,3 の作用特性について」、芝草研究、26(2)、113-123 頁。

─── (1999):「木酢液のシバ生育調節作用に関する研究　第2報　圃場試験における木酢液の長期連用処理によるコウライシバ(*Zoysia matrella* Kerr.)の生育促進作用の事例」、芝草研究、28(1)、13-21 頁。

杉浦銀治(1974):「廃材炭と木酢液による鶏ふん乾燥時の消臭効果」、木材工業、29(5)、206-208 頁。

高木　茂ほか(2010):「木酢液のナメクジ類に対する忌避効果　その2　－冷凍濃縮法による濃縮効果と忌避効果の持続性－」、第8回木質炭化学会講演要旨集、54-55頁。

高原康光ほか(1992):「木酢液による悪臭の除去に関する研究」、日本公衛誌、40(1)、29-38頁。

高原康光ほか(1993):「木酢液による悪臭除去に関する研究(第2報)」、日本公衛誌、41(2)、147-156頁。

竹井　誠、林　晃史(1968):「ハエ並びにナメクジに対する木酢液の効果について」、衛生動物、19(4)、252-257頁。

土田奈々ほか(2005):「木酢液によるニジマス卵の水カビ防除効果について」、山梨県水産技術センター事業報告書、No.32、8-11頁。

続　栄治ほか(1989):「木酢液ならびに木酢液と木炭の混合物がイネの生育および収量に及ぼす影響」、日本作物学会記事、58(4)、592-597頁。

寺下隆喜代(1960):「土壌微生物のフロラにおよぼす木酢液の影響」、日本林学会誌、42(2)、52-61頁。

寺下隆喜代、陳野好之(1957):「植物病原菌におよぼす木酢液の影響」、林試研報、No.96、129-144頁。

中島貞至ほか(1993):「木酢液の施用がトマト、ナス、およびメロンの初期生育に及ぼす効果について」、高知大学学術研究報告、42、59-68頁。

名取　潤(1992):「木材炭化成分の高度利用に関する研究(1)　木酢液の培地添加濃度が病原微生物の増殖におよぼす影響」、林技情報、No.20、3-6頁。

新見友紀子ほか(2000):「木酢液のカメムシに対する忌避・殺虫効果」、第50回日本木材学会研究発表講演要旨、447頁。

西本円佳(2002):「木酢液の特性と消臭作用」、東京大学大学院農学生命科学研究科博士論文。

西本円佳ほか(2001):「木酢液の成分と消臭作用」、第51回日本木材学会講演要旨集、626頁。

─── (2002):「木酢液の経時変化」、第52回日本木材学会大会講演要旨集、613頁。

日本木酢液協会(2001):「木酢液の規格」、特用林産物需要拡大委託事業。

野原勇太、陳野好之(1957):「針葉樹稚樹苗の立枯病防除に関する研究(第1報)　特に木酢液の効力について」、林業試験場研究報告、96、105-131頁。

福岡県農業総合試験場畜産研究所、「グローリッチのブロイラーに対する疾病予防に関する効果判定試験」、私信。

福田清春、植村卓史(1995):「木酢液のも九合防腐効果」、木材保存、21(5)、236-238頁。

古卝勝則ほか(2001):「*Legionella pneumophila*に対する市販竹酢液の抗菌効果」、日本防菌防黴学会第28回年次大会要旨集、133頁。

古畑勝則(2005):「レジオネラ症感染防止対策に関する研究」、防菌防黴、33(8)、397-406頁。

牧　駿次(1943):「酢酸石灰製造法」、三浦伊八郎 編『薪炭学考料』、共立出版、66頁。
松木伸浩ほか(1996):「桑条から抽出した木酢液の蚕核多角体病ウイルスへの影響」、東北農業研究、49、243-244頁。
松木伸浩、三田村敏正(1998):「こうじかび病発病抑制剤の検索」、東北蚕糸研究報告、No. 23、7頁。
─── (2000):「こうじかび病発病抑制のための薬剤等の検索」、東北農業研究成果情報、Vol. 1999、267-268頁。
三浦伊八郎(1943):『薪炭学考料』、共立出版。
宮本雄一(1961a):「ムギ萎縮病の研究Ⅶ．ムギ萎縮病の防除、とくに木酢液土壌散布の効果について」、日本植物病理学会報、26(3)、90-97頁。
─── (1961b):「木酢液の土壌消毒剤としての効果」、農業及園芸、36(10)、1637-1639頁。
宮本雄一ほか(1963):「暖地ビート立枯病菌に対する木酢液の殺菌効果」、兵庫農科大学研究報告、6(1)、13-19頁。
宮本和典ほか(1999):「木酢液の給与が豚肉の肉質と食味に及ぼす影響」、鳥取県中小家畜試験場研究報告、No. 52、1-4頁。
目黒貞利ほか(1992):「酢酸および木酢液によるシイタケ害菌の防除」、木材学会誌、38(11)、1057-1062頁。
木材保存協会(1989):「規格第一号」。
木竹酢液認証協議会(2007):「木酢液・竹酢液の規格」、谷田貝光克監修、木質炭化学会編『炭・木竹酢液の用語辞典』所収、338頁。
─── (2011):「木酢液の安全性確認試験報告書」。
─── ホームページ: http://www.mokutikusaku.net/ (2012/12/20確認)。
杜　冠華ほか(1997):「木酢液と木炭の混合物がメロン果実のスクロース含量に及ぼす影響」、日本作物学会記事、66(3)、369-373頁。
─── (1998):「木酢液と木炭の混合物がサツマイモの生育に及ぼす影響」、日本作物学会紀事、67(2)、149-152頁。
森田恭充ほか(2006):「平成17年度新農薬実用化試験で注目された病害虫防除薬剤」、植物防疫、60(3)、32-48頁。
矢口弘子、岡崎充成(2003):「木酢液の平飼鶏糞におけるサルモネラ消臭効果(第1報)」、東北農業研究、No. 56、129-130頁。
谷田貝光克、川崎通昭 編著(2003):「環境庁大気保全局調査」、『香りと環境』所収、フレグランスジャーナル社、276-287頁。
谷田貝光克(2012):多様な働きを持つ天然の化成品木酢液：その現状と展望、生物資源(農学生命科学研究支援機構) 5(3)、2-17頁。
谷田貝光克ほか(1993):「簡易炭化法と炭化生産物の新しい利用」、林業科学技術振興所。

――― (1993):「簡易炭化法と炭化生産物の新しい利用」、林業科学技術振興所。

――― (2009):「採取温度別木酢液のHCHO濃度と土壌散布木酢液濃度の経時変化」、第7回木質炭化学会講演要旨集、64-67頁。

吉本朋之ほか(1995):「蒸留木酢液、EM菌混合飼料の豚発育、糞尿消臭効果及び産肉成績に関する研究」、高知県畜産試験場研究報告、16、33-37頁。

林業試験場編(1958):『木材工業ハンドブック』、丸善。

林野庁(2010):「林野庁新生産技術検証事業報告書」。

渡辺良一、今野光雄(1977):『木酢液とは何か』、群馬炭精事業協同組合、31 34頁。

渡辺 茂ほか(1993):「省農薬による桑白紋羽病防除技術の確立」、神奈川蚕セ報、22、28-34頁。

渡辺紀元(1999):「籾酢の除菌能」、水処理技術、40(5)、211-213頁。

Bentley, M. D. et al.(1981): "Oviposition Attractants and Stimulants of *Aedes triseriatus* (Say)(Diptera:Culicidae)", *Environ. Entomol.*, 10, pp. 186-189.

Faith, N. G. et al.(1992): "Inhibition of *Listeria monocytogenes* by liquid smoke and isoeugenol, a phenolic component found in smoke", *J. Food Safety*, 12(4), pp. 303-314.

Inoue, S. et al.(2000): "Components and Anti-fungal Efficiency of Wood-vinegar-liquor Prepared under Different Carbonization Conditions", *Wood Research*, 87, pp. 34-36.

Kadota, M. et al.(2002): "Pyroligneous Acid Improves In Vitro Rooting of Japanese Pea Cultivars", *HortScience*, 37(1), pp. 194-195.

Kitahara, H. et al.(2003): "Products and Antibacterial Activity of Thermolysis of Apple Lees", *Trans. Mat. Res. Soc. Jpn.*, pp. 1045-1048.

Loyttyniemi, K. et al.(1992): "Pine tar in preventing moose browsing", *Silva Fennica*, 26(3), pp. 187-189.

Mu, J. et al.(2003): "Effect of bamboo vinegar on regulation of germination and radicle growth of seed plants", *J. Wood Sci.*, 49, 262-270.

Orihashi, K. et al.(2001): "Deterrent Effect of Rosin and Wood Tar against Barking by the Gray-sided Vole(Clethrionomys rufocanus bedfordiae)", *J. For. Res.*, 6, pp. 191-196.

Reed L. J. and Muench, H. (1938): "A simple method of estimating fifty per cent end points", *Am. J. Hyg.*, 27, pp. 493-497.

Uddin, S. M. M. et al.(1994): "Studies on Sugarcene Cultivation 1.Effects of the mixture of charcoal with pyroligneopus acid on cane and sugar yield of spring and ratoon crops of sugarcane(*Saccharum officinarum* L.)", *Jpn. J. Trop. Agr.*, 38(4), pp. 281-285.

――― (1995): "Studies on Sugarcene Cultivation Ⅱ. Effects of the mixture of charcoal with pyroligneous acid on dry matter production and root growth of summer planted sugar cane(*Saccharum officinarum* L.)", *Jpn. J. Crop. Sci.*, 64(4), pp. 747-753.

Vitt, S. M. et al.(2001): "Inhibition of *Listeria innocua* and *L.monocytogenes* in a laboratory medium and cold-smoked salmon containing lliquid smoke", *J. Food Safety*, 21(2), pp. 111-125.

Watari, S. et al.(2005): "Eliminating the Carriage of *Salmonella enterica* Serovar Enteritidis in Domestic Fowls by Feeding Activitated Charcoal from Bark Containing Wood Vinegar Liquid(Nekka-Rich)", *Poultry Science*, 84(4), pp. 515-521.

Wendorff, W. L.(1981): "Antioxidant and bacteristat properties of liquid smoke", Proceedings of 20th Anniversary Smoke Symposium, Mishicot, WI, Aug. 6-7,pp. 73-87.

Wendorff, W. L. et al.(1993): "Growth of mold on cheese treated with heat or liquid smoke", *J. Food Protection*, 56(11), pp. 963-966.

Yatagai, M. et al.(1988): "By-products of Wood Carbonization Ⅳ.Components of wood vinegars", *Mokuzai Gakkaishi*, 34(2), pp. 184-188.

―――― (2002): "Termiticidal activity of wood vinegar,its components and their homologs", *J. Wood Sci.*, 48, pp. 338-342.

Yatagai, M. and G. Unrinin(1987): "By-products of Wood Carbonization Ⅲ.Germination and growth acceleration effects of wood vinegars on plant seeds", *Mokuzai Gakkaishi*, 33(6), pp. 521-529.

―――― (1989a): "By-products of Wood Carbonization Ⅴ. Germination and growth regulation effects of wood vinegar components and their homologs on plant seeds ―Acid and neutrals―", *Mokuzai Gakkaishi*, 35(6), pp. 564-571.

―――― (1989b): "By-products of Wood Carbonization Ⅵ. Germination and growth regulation effects of wood vinegar components and their homologs on plant seeds ―Alcohols and phenols―", *Mokuzai Gakkaishi*, 35(11), pp. 1021-1028.

Yoshimura, H. et al.(1995): "Promoting effect of wood vinegar compounds on fruit-body formation of *Pleurotus ostreatus*", *Mycoscience*, 36, pp. 173-177.

Yoshimura, H. and T. Hayakawa(1991): "Acceleration effect of wood vinegar from *Quercus crispula* on the mycelial growth of some basidiomycetes", *Trans. Mycol. Soc. Jpn.*, 32, pp. 55-64.

―――― (1993): "Promoting effect of wood vinegar compounds on the mycelial growth of two basidiomycete", *Trans. Mycol. Soc. Jpn.*, 34, pp. 141-151.

索引および用語解説

A～Z

Alternaria kikuchiana ／38　黒紋羽病菌。*Alternaria* は菌類ヒホミケス綱の一属。*A. solani* による輪紋病、*A. radicina* によるニンジンの黒腐れなどを引き起こす植物寄生種。アルターナリア腐れは、*Altaernria* によって植物宿主に作られる固く黒い腐れ。

Aspergillus niger ／118　クロカビ。

Aspergillus oryzae ／117, 118　コウジカビ。糸状不完全菌類。

Bifidobacterium thermophilum ／113　ビフィドバクテリウム・テルモフィルム。グラム陽性偏性嫌気性桿菌。放線菌綱 *Bifidobacterium* 属。腸内有用常在菌。腸内の運動を活発にしたり、免疫を高める働きがある。

Cochliobolus miyabeanus ／38　ごま葉枯病菌。*Cochiobolus* 属は、子嚢菌亜目クロイボタケ目の一つ。

Enterococcus faecium ／112　エンテロコッカス・フェシウム。グラム陽性菌エンテロコッカス科。発酵乳酸菌。腸内有用常在菌。

Fusarium ／35　フザリウム。真核菌類・子嚢菌門・不完全菌類・ヒホミケス綱・分子子座不完全菌目。*Fusarium* 属は、土壌、腐った有機物に生育する。病原性のある種は、芽生えの胴枯れ病、根腐れ病、株腐れ病、イネの馬鹿苗病、などを引き起こす。

Fusarium oxysporum ／38　フザリウム・オキシスポラム。ダイコン萎黄病菌。*F. oxysporum* は萎ちょう病、球茎、塊茎のもと腐れなども引き起こす。

JECFA ／138　FAO/WHO Joint Expert Committee on Food Additives. FAO/WHO 合同食品添加物専門家会議。食品添加物の安全性確保のための専門家の会議。国連の食糧農業機関（FAO）と世界保健機構（WHO）によって設けられており、各国の添加物規格に関する専門家および毒性学者で構成され、一日摂取許容量（ADI）を検討している。

NMR ／148　Nuclear Magnetic Resonance. 各磁気共鳴、あるいはその測定装置をいう。測定されたチャートを NMR スペクトルという。有機化合物の構造決定に大きな威力を発揮する。

Pellicularia ／35　ペリキュラリア。*P. filamentosa* による葉部の病害は、テンサイ、ダイズ、イチゴ、キュウリ、アルファルファなどのほか、樹木ではヒイラギ、イチジクなどで見られ、この菌の寄主植物は 230 種以上に及ぶと言われている。

Penicillium camembertii ／118　ペニシリウム・カメンベルティ。アオカビの一種。カマンベールチーズの製造に用いられる。

Penicillium roqueforii ／117　ペニシリウム・ロックフォルティ。アオカビ類。糸状不完全菌類。この属の種から抗生物質ペニシリンが発見されている。

pH ／145　水素イオン指数。液中の水素イオン濃度の逆数の常用対数で表す。溶液の酸性、中性、アルカリ性を示す単位。

Pythium ／35　クサレカビ、フハイカビともいう。真核菌類亜界・卵菌門・卵菌類綱・フハイカビ目。植物の立枯れ病の原因となる。

Rhizoctonia ／35　リゾクトニア。真核菌類・子嚢菌門・不完全菌類・無胞子不完全菌類目。

Rhizoctonia solanai ／38　ホウレンソウ苗立枯病菌。*R. solani* は腰折れ病や眼点を起こす。

Rosellinia necatrix ／38　白紋羽病菌。

WHO ／140　World Health Organization. 世界保健機構。1946 年、ニューヨークで開催された国際保健会議によって採択された世界保健憲章によって設立された国連の機関。「すべての人々が最高の健康水準に到達すること」を目的にしている。

ア

アカマツ ／73　red pine. *Pinus densiflora* Sieb. et Zucc. マツ科マツ属の常緑針葉高木。

悪臭 ／122　stink, bad odor. 悪臭防止法では、悪臭は「人に不快感、嫌悪感を与えるものであって、一般に低濃度、多成分の複合臭気であり、人間の嗅覚に直接訴え、生活環境を損なうお

それのあるもの」とされている。
悪臭物質／129　bad ordor material.
アセトアルデヒド／149　acetaldehyde. CH_3CHO. 合成工業原料として用いられる。
アトピー／140　atopy. アレルギー疾患の一つ。皮膚にかゆみを伴うアトピー性皮膚炎を指すのが一般的。アレルギーにはほかに、花粉症、アレルギー性鼻炎、薬物アレルギーなどがある。高濃度のホルムアルデヒドがアトピー性皮膚炎を引き起こすことも知られている。室内に生息するコナヒョウヒダニなどの塵ダニ類もアトピー性皮膚炎の原因となる。スギ葉の精油がアトピー性皮膚炎の軽減に効果があることが実証されている。
アルミニウム／86　aluminium. Al.
アンモニア／122　ammonia. NH_3. 常温常圧で無色の気体で強い悪臭を放つ。し尿肥など。酸性の木酢液は、弱アルカリ性のアンモニアを中和によって消臭する。

EM菌／110　Effective Microorganisms. 有用な微生物の集合体を言う。この細菌叢の発見者による命名。自然農法、土壌改良などに用いられて、効果があると言われている。
イエシロアリ／92　Coptotermes formosanus Shiraki. シロアリ目(等翅目)ミズガシラシロアリ科。東京以西の暖地に生息。わが国に生息するシロアリでは最も大きな被害を木構造物に及ぼす。
イオウ化合物／122　sulfur compound. イオウ(S)を含む化合物。
閾値／123　threshold. しきい値。ある反応や作用を及ぼす最小の濃度、あるいは刺激量。
育成率／109　growth rate. 動植物が一定期間中に育つ割合。
萎縮病／37　soil-borne cereal mosaics. 茎や葉が縮んだり、奇形になったりする病気で、茎葉が黄化し、黄緑色のかすり状の斑点や褐色の斑点ができ、枯れる。イネ、ムギなどに発生し、ウイルスによるもので土壌伝染による。
イネ／63　Oryza sativa L. イネ科一年草。
イネごま葉枯病菌／41, 42　rice brown rot. Cochiobolus miyabeanus (Ito et Kuribayashi) Drechsler ex Dastur. 糸状菌・子嚢菌類。葉鞘が褐変し、また、褐色すじや斑点ができる。モミに感染するとモミ枯れを起こす。
イネモミ枯細菌病／31, 32　グラム陰性の桿状、好気性菌 Burkholderia gladioli, Burkholderia glumae によって起こる病気。育苗時に苗腐敗症として発症、あるいは、出穂期以降にモミに発生。苗の場合には白色から褐色に変色し、腐敗枯死する。モミの場合には白色に萎ちょうしたモミが現れ、その後、灰白色〜淡黄褐色になって実の成りが不良となる。
インドール／122　indole. 2,3-ベンゾピロール。C_8H_7N. 植物成分のインドールアルカロイド類の母核になっている。

液体燻製法／119　liquid smoke method.
エゾヤチネズミ／102　Clethrionomys rufocanus bedfordiae. 北海道に生息する野ネズミ。樹木を食害する。
エノキタケ／55　Flammulina velutipes (Curtis. Fr.) Singer キシメジ科エノキタケ属。ナメタケともいう。エノキ、コナラなどの広葉樹に発生する黄褐色〜背駅褐色の傘を持つ木材腐朽菌。ビンを用いた菌床栽培品が食用としてあるが、光を当てずに育てるビン栽培では傘の色は白く、長い柄を持ち、野生種とは形が大きく異なる。

黄色ブドウ球菌／22　Staphylococcus aureus. グラム陽性球菌の細菌。
オオウズラタケ／46　Tyromyces palustris. 褐色腐朽菌の一つ。主に木材中のセルロース、ヘミセルロースを分解する。
オーキシン／65　auxin. 植物の伸長成長を促す働きを持つ植物ホルモン。インドール-3-酢酸などがある。
オオトゲシラホシカメムシ／96　Eysarcoris lewisi (scott).
オオムギ縞萎縮病／37

カ

外熱法／9
核多角体病／27　nuclear polyhedrosis. Baculoviridae(バキュロウイルス科)に属するウイルスによって引き起こされる昆虫の病気。カイコなどの多くの昆虫、およびある種の甲殻類で発症する。ウイルスの種は宿主によって変わるので、宿主をウイルスの前につけて呼ぶ。例えばカイコ核多角体ウイルスは、学名 Bombyx mori nucleopolyhedrovirus (略称 BmNPV)、一般名 Bombyx mori nuclear polyhedrosis virus (略称 BmNPV) と呼ぶ。
果樹灰星病菌／41, 42　Monilinia fructicola.

索引および用語解説

褐色腐朽菌／46　brown rotting fungi. 木材腐朽菌の一つ。主にセルロース、ヘミセルロースを分解する菌。腐朽後に残留するリグニンの色である褐色に木材を変色させることからその名がある。褐色腐朽菌による腐朽材は褐色腐朽または、褐色腐れと呼ばれる。褐色腐朽菌にはオオウズラタケ、ナミダタケなどがある。

活性炭／11, 123　activated carbon, acitve carbon. 多くの細孔から成り、大きな比表面積を有する炭素物質。最も一般的な製造法は、木質系物質、ヤシガラ、石炭などの炭素含有物質を水蒸気や二酸化炭素などで高温処理して賦活させる方法である。800〜1300m^2/g の高い比表面積を有し、優れた吸着力を有する。水道水の浄化などに用いられる。

カメムシ／95　stinkbug. 昆虫綱カメムシ目(半翅目)カメムシ亜目カメムシ科。吸汁性昆虫。タガメ、ミズムシ、アメンボ、セミ、カイガラムシ、アブラムシなど、カメムシの仲間は、82,000 種いると言われているこれらのうち、特にホソハリカメムシなどのカメムシ類は、収穫時にイネの穂を吸汁し、害を与える。

カラマツ／73　larch. *Larix kaempferi* (Lamb.) Carr. マツ科カラマツ属の落葉針葉高木。

カリ／71　potassium. カリウム。元素記号 K。海水の成分の一つ。肥料の三要素の一つ、カリウムは人体に不可欠の元素で、神経伝達で重要な働きを担っている。

瓦礫／136　rubble. 建物を破壊した時の破壊物の破片や震災などの破壊物。

カワラタケ／46　*Coriolus versicolor* (L.) Lloyd. タコウキン科シロアミタケ属。白色腐朽菌の一つ。サルノコシカケのように半円形の傘だけを倒木の幹の上から出して、群がって生える。柄は無い。黒色で傘に環紋がある。傘は硬い。

簡易炭化炉／9　simple charcoal kiln. 熟練技術を要しなくても、素人でも容易に製炭できる炭化炉。バイオマスの有効利用が進む中で、炭材の種類も多様化し、それに伴って炭化炉の種類も多様化している。ドラム缶窯、移動式炭化炉、土に穴を掘って焼く穴やき法や、伏せ焼き法などがある。簡易炭化炉では一般に製炭時間が短い。

官能試験／110　sensory analysis. ヒトの感覚器官(視覚、聴覚、味覚、嗅覚、触覚)によってものごとの良し悪しを評価する試験。好き嫌い、感じ方などをアンケートによって調査することが多い。食品や香料などは嗜好性によって好き嫌いが決まることが多いので、官能試験による判断が欠かせない。

乾留／152　dry distillation. 空気を供給せずに密閉し、外部から熱をかけ熱分解すること。石炭の乾留では、石炭ガス、コークス、コールタールができる。木質系材料の乾留では、木炭、木ガス、木酢液を得ることができる。

乾留炉／17, 39, 78　dry distillation kiln. 木質系材料や石炭を、空気供給量を制限して外部から加熱して、炭化物および揮発分を得るのに用いる装置。外部加熱法の一つ。木質系材料の場合には、木炭、木ガス、木タール、木酢液を得ることができる。石炭の場合には、石炭ガス、コールタール、コークスを得ることができる。乾留によって得られる木酢液は、黒炭窯などの通常の自燃法によって得られる木酢液に比べて、酸度、比重が高いことが多い。

規格／153　standard. 標準。工業製品の品質などを標準化するために、品質を一定の物理的、あるいは化学的な枠内に抑える数値など。木酢液には木竹酢液認証協議会が定めた木竹酢液の規格があり、これに基づいて木竹酢液の品質が検定されている。

吉草酸／134　valeric acid. バレリアン酸(valerianic acid)ともいう。$C_5H_{10}O_2$。4種類の異性体がある。悪臭を発する。合成香料の原料として用いられる。

急性経口毒性試験／147　peroral toxicity, oral toxicity. 試料をラットやマウスなどの試験動物に経口投与した時の毒性を調べる試験。毒性の強さは、半数致死量で一般に表される。

吸着材／11, 123　adsorbent. 物質を吸着する能力の高い物質。細孔構造が発達した物質は、比表面積も大きく、高い吸着能を有する。活性炭、シリカゲル、アルミナ、ゼオライト、木炭などが吸着剤として用いられる。比表面積の大きさと細孔の大きさが、吸着力に影響する。

キュウリ苗立枯病(菌)／31

菌糸／25　haypha, haphae(複数). 菌類の体を構成するもので、糸状の細胞または細胞列を形成する。菌糸から成る菌類を糸状菌と呼ぶ。シイタケなどのキノコ類は菌糸が繁殖のために子実体に形を変えたもので、子実体そのものも菌糸で構成されている。

菌糸体／49　mycelium, mycelia(複数).

菌床栽培／55 cultivaton by mushroom bed. 広葉樹おが粉に、ふすま、糖類などの栄養源を混ぜ、キノコの種菌を摂取して円筒形の袋、あるいはビンに詰めて食用キノコを栽培する方法。食用キノコの栽培には、ナラ、クヌギなどの原木に種菌を摂取する原木栽培と菌床栽培の2つがある。菌床栽培は、重い原木を扱う原木栽培に比べて労働荷重が少なく、また、培養時の室内の温・湿度管理なども容易であるので、シイタケ、マイタケ、ヒラタケ、ナメコ、エリンギなどの食用キノコ類で広く行われている。

菌叢／25 bacteri flora. ある特定の環境内で生息する細菌類の集合を言う。ヒトの腸内には善玉菌、悪玉菌、日和見菌の菌叢がある。

クヌギ／73 *Quercus acutissima* Carruth. ブナ科コナラ属の落葉高木。

クモヘリカメムシ／96 *Leptocorisa chinensis* Dallas.

グラム陽性桿菌／116 グラム陽性菌とは、グラム染色により紺青色〜紫色に染色される細菌。グラム陽性桿菌には、リステリア属、放線菌、乳酸桿菌などがある。

クリシギゾウムシ／97 *Curculio sikkimensis* (Heller). 体長6〜10mmの濃褐色のクリの実の害虫。

黒炭窯／9, 138 black charcoal kiln, soft charcoal kiln. 黒炭を製造する炭窯で、主に土で作る。窯の形は卵形、楕円形で、窯口が狭く、天井が低い。幅は奥行の約8割が平均的である。炭化時の窯内温度は500〜600℃であるが、精錬時には800℃になる。消火時には窯全体を粘土などで密閉し、窯内消火を行う。戦国時代から明治時代にかけて多くの改良窯が考案されたが、昭和に入り三浦伊八郎東大教授により、およそ50種類の窯の平均を取り、三浦式標準窯が考案された。

クワ／26 mulberry. *Morus bombycis* Koidz. クワ科クワ属の落葉高木。葉が養蚕に用いられてきた。果実を生食する。クワ枝の炭化によって得られた木酢液には、蚕の病気である核多角体病を抑制する働きがある。

燻液／116 liquid smoke. 8-1参照。

燻液規格／138 standard of liquid smoke. ECFA (FAO/WHO) 合同食品添加物専門家会議) の既存添加物の安全性評価項目の「くん液」では、「くん液」(Smoke flavourings) を、「サトウキビ、竹材、トウモロコシ又は木材を燃焼して発生したガス成分を捕集し、又は乾留してえらたものをいう」と定義し、「ベンゾピレンは0.010mg/kgを越えないこと」と決めている。

燻製品／116, 119 smoked food.

経時変化／148 time course. 成分などが時間を経ていくにつれ変化していく様子。木酢液中のホルムアルデヒド濃度は経時変化し、日数を経るにつれ減少する。これはホルムアルデヒドが酸化・重合などによって他成分に変化するためである。

ケトミウム／46 *Chaetomium globosum*. 軟腐朽菌の一つ。小さな球形の子実体を作る子嚢菌。この菌の仲間は穀類、豆類のほか、土壌や動物の糞からも見出される。セルロース分解能が高く、紙に繁殖し、シミなどをつくる。

ケナフ／81 kenaf. *Hibiscus cannabinus* L. アフリカ原産アオイ科フヨウ属の1年生草本。成長がはやく、半年で3〜4mになり、茎から繊維が取れるので、非木材製紙原料として注目されている。成長がはやいので温暖化ガスの二酸化炭素吸収量も大きく、温暖化防止に役立つとの考え方もあるが、繁殖して生態系を乱すとの考えもある。木酢液を散布するとさらに成長が促進され、収率も上がることが明らかにされている。

減圧蒸留／12 disitllation under reduced pressure. 混合物を減圧下で蒸留して含有物質を分離、精製する方法。常圧蒸留よりも混合物の分離・精製をより精密にできるメリットがあるが、減圧装置の設置、操作の点で常圧蒸留に比べて手間がかかる。多成分から成る木・竹酢液の場合には、特定物質の濃縮は可能であるが、純物資としての分離は困難である。

鹸化／152 saponification. エステルがアルカリと反応して、アルコールと酸のアルカリ塩になること。グリセリンと脂肪酸のエステルである油脂を鹸化すると、石鹸ができることからこの名がある。

原基形成／53 foramtion of primordium rudiment. 生物個体の発生過程で、将来ある器官になることに予定されているが、まだ未分化のものを原基といい、キノコの場合、子実体になる原基が形づくられていくことを子実体原基形成という。

軽質油／10, 154 light oil. 製炭時の排煙が凝縮してえられる凝縮液の最上部に浮かぶ油膜の層。

中層の粗木酢液、下層のタールの量に比べて極めてわずかである。低沸点のフェノール類、樹木成分の揮発性テルペンなどの抽出成分で構成される。

ケンタッキーブルーグラス／61　Poa pratensis L. ナガハグサとも言う。イソマツ科の多年草。芝草や牧草として利用される。アメリカ合衆国のケンタッキー州を中心とした地域の放牧地の牧草となっている。

検知閾値／122　detection threshhold. においを感じる濃度を検知閾値といい、何のにおいかを判断できる濃度を認知閾値という。例えば、アンモニアの検知閾値は、1.5×10^{-1} ppm、認知閾値は5.9×10^{-1} ppmであり、トルエンの認知閾値は、9.2×10^{-1} ppm、認知閾値は4.8ppmというように化合物によって大きな差がある。

硬化病／27　muscardine. 昆虫に糸状菌が寄生して起こる病気で、死体が硬化してミイラ状になる病気。

抗菌・抗カビ作用／19　antibacterial, antifungi action. 細菌、カビ類に対して繁殖抑制効果、あるいは殺菌、殺カビ効果を有する働き。木酢液は、立枯病菌、委縮病菌、白紋羽病菌、核多角病菌、モミ枯れ病菌、レジオネラ菌、サルモネラ菌、白癬菌、水カビなどに対する殺菌、殺カビ、あるいは繁殖抑制効果を有する。さらに、牛の口蹄疫に関連するウイルスにも効果があることが明らかにされている。木酢液がこのように広範囲な最近、カビ類に作用を示すのは、木酢液が多成分で構成されていることに起因する。

コウジカビ病（菌）／27, 29　コウジカビ属（Aspergillus）は、真核菌類亜界・子嚢菌門・不完全菌類亜門・ヒポミケス類綱・叢生不完全菌目の一属である。コウジカビやクロカビなどがある。病原性を持つものもある。

コウライシバ／61　Zoysia matrella Mer. var. tenuifolia Dur. Et Schinz. イネ科多年草。

コールタール／92　coal tar. 石炭の乾留によって得られる黒色粘ちょう性の液体。木材を炭化して得られる木タールと同様、強い防腐作用を有する。

黒鉛化／14　graphitization. 木質材料を低酸素状態で熱分解させると木炭化が起こる。さらに高温処理していくと、芳香族化が起こり1400℃を超えると、安定な縮合多環子を生成する結合が生じ、さらに高温処理すると、

1500℃付近から黒鉛類似の多層構造が生成され、3次元の規則性の増加、多層構造の生成と成長が起こり、多層構造が成長していく。

コムギ縞萎縮病／37

サ

採取法／8　collection method. 木酢液の採取は、排煙口に煙突を取り付け、排煙が煙突内で空気冷却され、凝縮、液化して煙突内を下降してくる液体を採取する方法が一般的である。冷却効果を上げるために、煙突周囲を水冷したり、煙突内部に笹や草などを軽く詰め、煙が煙突内を容易に通過するのを妨げ、液化効率を上げることが行なわれることもある。モウソウチクなどのタケの節を抜いたものが煙突代用に使われることもある。

殺菌作用／57　fungicidal action. 細菌を死滅させる働き。

雑草防除／145　weed control. 雑草の生育を抑制すること。木酢液には雑草防除の作用があるが、雑草の発芽前に散布すると効果があるが、発芽後、特に雑草が繁殖した後での散布では、あまり雑草防除の効果は認められない。

殺虫作用／67　insecticidal action. 虫を殺す作用。木酢液にはシロアリなどの害虫や土壌害虫に対しての殺虫作用が知られているが、低濃度の木酢液では、殺虫よりも忌避作用が強い。

サツマイモ／70　sweet potato. Ipomoea batatas Lam. 熱帯アメリカ原産のヒルガオ科多年草。

サトウキビ／72　sugar cane. Saccharum officinarum L. イネ科多年草。

サルモネラ／112　Salmonella enterica serovar. Enteritidis. グラム陰性通性桿菌。腸内細菌の1種。加熱が不十分な肉類を食べると食中毒を起こしたりする。ヒト以外にもニワトリやなどの動物で発症する。

酸性度／143　acidity. 酸度に同じ。水溶液の酸性の強さ。カセイソーダ水溶液などのアルカリで滴定し、測定する。

酸度／139　acidity. 水溶液の酸性の度合い。カセイソーダ水溶液などのアルカリ標準液で滴定して決める。木竹酢液認証協議会の規格では、木酢液・竹酢液、および蒸留木酢液・竹酢液の酸度を、2～12(%)と決めている。

残留物質／144　residue. 残り留まることで、農薬の場合には、土壌中に残っている農薬を残留農薬という。木酢液の土壌散布では原液散布2週間後には、土中での木酢液はほぼ消失

シイタケ／55　Lentinula edodes (Berk.) Pegler キシメジ科シイタケ属。クヌギ、ミズナラ、シイなどの広葉樹に発生する。茶褐色の傘を持つわが国の代表的な食用キノコ。クヌギ、ナラなどによる原木栽培がおこなわれている。食用には生シイタケと干しシイタケがあり、干しシイタケは独特の香気を有する。

子実体／52　fruit body. 菌類が胞子をつくるために複数の菌糸が寄り集まって、胞子形成部を形づくり、塊状になったもので、キノコは子実体の一つであり、形や大きさは菌類によってさまざまである。

糸状菌／89　mould, fungi. 真菌類の微生物で、糸状の菌糸をもち、カビと呼ばれるもの。糸状菌には、酒、しょうゆ、かつお節などの発酵食品の製造にかかわるものや、ペニシリンなどの抗生物質を生産するものがある。

室温静置／149　standing under room temperature.

シックハウス症候群／140　sick house syndrome. 室内の化学物質によって、目、鼻、のどの刺激、頭痛、めまい、吐き気、集中困難、湿疹、疲れやすさ、不定愁訴などが現れる症状。原因物質から離れると症状が消失する点で、類似の症状を起こす化学物質過敏症とは異なる。VOCの存在で誰でもかかる可能性がある。室内の合板の接着剤、塗料、防腐剤、などの化学物質が原因となることが多い。

し尿／127　human waste. 大便と小便。

し尿臭／125　human waste odor. 大便・小便のにおい。

自燃法／8　autoburning, self-combustion. 原料自体を燃焼させること。黒炭窯、白炭窯のような炭化炉では、炭材に着火後は、空気の流入を限定し、炭材自体の熱で炭材が蒸し焼き状態で、炭化が進む。外熱で炭化炉内の温度を上げ、炭化を進める炭化法と異なり、着火に着火用燃料を用いるが、着火後は燃材を必要としない。

シバ／60　Zoysia japonica Steud. イネ科多年草。

1,2,5,6-ジベンゾアントラセン／138　1,2,5,6-dibenzoanthracen. $C_{32}H_{14}$. 数種の異性体があり、そのなかに、強い発がん性を有するものがある。

シュウ酸／86　oxalic acid. HOOC-COOH. 植物界に広く分布する。

常圧蒸留／12　distillation under atmosphere pressure. 混合物を大気圧下で蒸留して精製する方法。沸点の違いにより、構成成分を分け取ることが可能である。減圧蒸留に比べ、装置も簡易で、操作も容易なので、木・竹酢液の精製によく用いられる。蒸留された木・竹酢液は、木竹酢液認証協議会の「木酢液・竹酢液の規格」で、蒸留木酢液・竹酢液として定義されている。

消臭／123　deodorization. 悪臭を物理的、化学的、生物的、感覚的に処理して除去して不快感を軽減すること。悪臭と感じるものは人によって差があるが、悪臭防止法では「人に不快感を与えるものであって、一般に低濃度、多成分の複合臭気であり、人間の嗅覚に直接訴え、生活環境を損なう恐れのあるもの」とされている。消臭には各種消臭剤が開発、使用されているが、木炭は吸着機能を利用して消臭し、木酢液は、アンモニアなどのアルカリ性物質を中和によって消臭する。

消臭剤／153　deodorant.

消臭作用／67, 124　deodorization. 悪臭をなくす作用。消臭方法には、被覆あるいは遮へい、相殺による感覚的方法、中和、縮合、酸化、還元などの化学反応による化学的方法、多孔質物質に吸着する、あるいは悪臭源を移動させるなどの物理的方法、微生物や酵素によって悪臭を変質させる生物的方法がある。

焼成／152　heat treatment, baking. 陶土などを高温で加熱して、硬化させること。製炭の場合に、木質系材料を加熱して木炭を製造する過程も焼成である。

地養素／108　jiyouso. ゼオライトに木酢液を吸着させ、さらに海藻やヨモギ粉を添加した鶏用飼料添加剤の商品名。

蒸留竹酢液／154　distilled bamboo vinegar. distilled bamboo pyroligneous liquor.

蒸留法／12　distillation method. 混合物に含まれる物質の沸点の差によって物質を分離・精製する方法。大気圧下で行う常圧蒸留と、減圧下で行う減圧蒸留がある。蒸留によって一つの化合物を分離・精製することも可能であるが、多成分から成る木酢液・竹酢液の場合には、有害の可能性のある高沸点部、低沸点部の物質をを取り除くことが主たる目的である。木竹酢液認証協議会では、「木酢液・竹酢液の規格」の中で、蒸留木酢液、蒸留竹酢液を、木

索引および用語解説

酢液、竹酢液の一つとして取り扱っている。

蒸留木酢液／77, 154　distilled wood pyroligneous liquor. 粗木酢液あるいは静置後の木酢液を蒸留した木酢液。木竹酢液認証協議会の規格では、蒸留木酢液の規格を規定している。

ショウロ／49　*Rhizopogan rubescens* (Corda) Th. Fr. ショウロ科ショウロ属。主に海岸のクロマツ林の砂地に卵形〜扁球形の淡黄褐色〜淡赤褐色の子実体を作る。断面は白色。つばは無く、柄も無い。食感と香りが好まれ食材として珍重される。砂地に木炭粉を散布するとショウロの発生が助長される研究報告がある。

食用キノコ／49　edible mushroom. 食用に供するキノコ類。シイタケ、ナメコ、エノキタケ、エリンギ、シメジなど。食用キノコ類は、マツタケ、ショウロのように栽培が不可能で、天然のものに限られているものもあるが、菌床栽培、あるいは原木栽培での生産が多い。食用キノコ類は、1979（昭和54）年の農林省の非木材林産物を扱う「特用林産振興基本方針」の中で、指定されている。

飼料／108　feed.

飼料摂取量／108　feed intake.

飼料要求率／108　feed conversion rate. 体重を一定量増加させるのに必要な飼料の量、言い換えれば、体重1kgを生産するのに費やした飼料の量。飼料要求率（倍率）＝飼料摂取量（Kg）/増体重（kg）。例えば、ニワトリを6kgの体重にするのに、12kgの飼料を必要としたならば飼料要求率は2となる。

シロアリ／92　termite. 昆虫綱シロアリ目シロアリ科

白炭窯／9, 138　white charcoal kiln, hard charcoal kiln. 備長炭などの白炭を製造する炭窯で、炭化終了間際の精錬時には窯内温度が1000〜1200℃になるので高温に耐えられるように石を積み上げて造られる。炭化終了時には灼熱した炭材を窯外に引出し、灰と砂の混合物（消し粉）をかけて消火する。このために炭材を装填しやすく、また、炭化物を引き出しやすいように窯口は黒炭窯に比べて大きく、窯の天井は高い。

白紋羽病／24　white root rot. 子嚢菌 *Rosellina necatrix* によって引き起こされる土壌伝染性の植物病。白色の菌糸で根が被われて生育が衰える。サツマイモなどの野菜、ナシ、クワ、リンゴ、ブドウなどの果樹に害を及ぼす。青森津軽地方では、木酢液散布でリンゴの白紋

羽病を防除したとの報告がある。

伸長作用／69　growth acceleration effect. 植物の根や草丈を成長させ、長さを延ばす作用。木酢液には、木炭と木酢液を混合したサンネッカEにはイネの根や草丈を伸長させる働きがある。

伸展率／110　expansivity rate of loin.

水耕栽培／64, 78　water culture, hydroponics. 固形培地を使わずに、養分を入れた水溶液で植物を育てる方法。

スカトール／122　3-skatole. 3-メチルインドール（methylindole）に同じ。C_9H_9N. ヒトの糞のにおいの一つ。コールタールにも含まれる。

スコッチパイン／105　*Pinus sylvestris* L. オウシュウアカマツとも言う。マツ科マツ属の針葉常緑高木。ヨーロッパ〜シベリアに分布するヨーロッパの代表的なマツ。建材、パルプ材などに使われる。スチルベン誘導体のピノシルビンを含む。

炭窯／8　charcoal kiln.

静菌作用／57　fungistatic action, bacteriostatic aciton. 細菌の増殖や繁殖を抑制する作用。菌の発育速度を抑える作用で、菌を殺す殺菌作用とは異なる。

静置／142　standing. 振動などを与えず、静かに放置すること。この作業は製炭時に得られた粗木酢液の精製に用いられる。木竹酢液認証協議会では、粗木酢液を少なくとも3ヶ月間静置して、溶解タールなどを沈殿あるいは析出させて、精製することを決めている。

静置法／11　standing method. 木酢液の精製法の一つ。粗木酢液を容器に入れそのまま、冷暗所に静置し、木酢液中の不安定成分を沈殿、あるいは容器に付着させて、不安定成分を除去する。木酢液認証協議会では、粗木酢液を少なくとも3カ月静置することを規格として決めている。

成長阻害作用／56　growth inhibition effect. 植物や微生物など、生物の成長を阻害する働き。木酢液は高濃度で、雑草などの成長・繁殖を抑制するので除草に使われる。木酢液中のフェノール成分には細菌、カビ類の成長を抑制するものがある。

成長促進効果／49　growth acceleration effect. 植物など、生物の成長を活発にし、速める効果。ハツカダイコンなどの種子を用いた

シャーレ上の室内試験では、木酢液中のエステル類、酸類、中性物質には低濃度で、種子の発芽、成長を促進する働きがある。また、シイタケなどの食用キノコ類やケナフなどの草本類に対しても成長を促すことが知られている。

ゼオライト／108　zeolite. 結晶性アルミケイ酸塩。多孔質なので、吸着剤として利用されるほか、土壌改良材として用いられる。2011年の東日本大震災の際の原発事故での放射性物質の吸着除去にも利用された。

石炭乾留／92　dry distillation of coal. 石炭を乾留炉に入れて空気を遮断して外部から加熱し、石炭ガス、ガス液、コールタール、コークスを得る方法。

セルロース／14　cellulose. 木材の主要三大成分の一つ。木材のおよそ40～50％を占める。約10,000個のグルコースが直鎖状につながった構造をしている。パルプの原料となる。木質材料を炭化していくと240℃付近で熱分解を始める。その熱分解物は木炭のほか、木酢液中の酢酸などの主要成分となる。

剪定枝／39, 154　pruned twigs. 樹木などの樹形を整えたり、果樹の結実を均一にしたりするために枝の一部を切り取り形を整えるときに得られるもの。貴重なバイオマス資源として、炭化、堆肥製造、薪燃料などとしての利用が考えられている。

粗竹酢液／154

粗木酢液／10, 148　crude pyroligneous liquor. 製炭時の排煙が煙突で凝縮、液化すると、3層に分かれる。下層はタール分で、上層は軽質油、中層が粗木酢液である。精製前の木酢液なので粗木酢液と呼ばれる。粗木酢液を静置すると粗木酢液中の不安定成分が重合などを起こし沈殿、あるいは器壁に付着する。木酢液認証協議会では製品規格の中で粗木酢液を3カ月以上静置することを決めている。

タ

第一リン酸カルシウム／87　リン酸二水素カルシウム(mono) calcium dihydrophosphate) ともいう。Ca(H$_2$PO$_4$)$_2$. 水溶性のため、肥料として用いられる。ベーキングパウダー助剤、食品のカルシウム補給剤、家畜飼料添加剤などに用いられる。

ダイコクシロアリ／92　Cryptotermes domesticus Haviland, シロアリ目(等翅目) レイビシロアリ科。分布、熱帯、亜熱帯に生息。国内では奄美大島以南の暖地、小笠原諸島に生息。

ダイコン萎黄病(菌)／30　yellows. 萎黄病は、葉などの部分に筋状あるいは、斑点状に黄色に変化した症状を言う。病原体には、セロリの萎黄病のように真菌によるもの、サトウキビイエローウイルスのようにウイルスによるもの、ココナッツ致死黄化のように細菌によるものがある。

大腸菌／22　Escherichia coli. 通性嫌気性グラム陰性桿菌である腸内細菌科大腸菌属の細菌。遺伝学的、生化学的研究材料としてよく用いられる細菌。ヒトや動物の腸内に常在する腸内細菌の一つ。無害なものが多いが、大腸菌O157のように、病原性のものもあり、下痢、腹痛などを引き起こす。

堆肥／133　compost. 落葉、生ごみ、わら、などを積み重ねて放置し、自然に発酵、腐熟させてる作る肥料。よく腐熟したものを完熟堆肥という。製造場所・時期の気温にもよるが通常は3～4カ月で出来上がる。その間に、堆積した原料の腐熟が全体として一様に進むように、積みかさねたものを上下ひっくり返したり、混合する「切り替えし」の作業を行う。

多環芳香族炭化水素／139　polycyclic aromatic hydrocarbon. 芳香環(ベンゼン環)が複数個縮合した炭化水素。石炭の乾留液のコールタール、植物資源の燃焼による排煙などに含まれる。発ガン性、催奇形性などがある。フェナントレン、アントラセン、ベンゾピレン、ピレン、ナフタセンなどがある。

多孔質／43　porous materials. 小さな孔を多数、有する物質。木炭は多くの細孔を有し、多孔質である。多孔質な物質は表面積が大きく、物質の吸着能力が高いものが多い。木炭の細孔は、その大きさからマクロポア(50 nm以上)、メソポア(2～50 nm)、ミクロポア(2 nm以下)の3つに大きく分類される。物質の吸着には表面積の大きさ以外に、孔の大きさが関係している。

立枯病／30, 35　damping off. 実生がこの病原菌に感染し、土から出る前、あるいは出て間もなく枯死する。Pythium rhizoctonia などが原因となることが多い。

脱臭剤／108　deodorant. 臭気を除去または緩和するもの。1991(平成3)年に芳香消臭脱臭協議会によって作成された自主基準では消臭剤

は、臭気を化学的、生物的作用によって除去または緩和するもの、一方、脱臭剤は臭気を物理的作用などで、除去または緩和するものと定義されている。

炭酸カルシウム／88　calcium carbonate. CaCO₃. 石灰石、大理石として自然界に産出する。セメントの主原料であり、ほかに建材、白色顔料、塗料、歯磨き粉、ゴムタイヤの製造などに用いられる。冷水には溶けず、温水では分解する。

担子菌／49　Basidiomycetes. 菌類の一つのグループで、多細胞の菌糸から成る。キノコといわれる子実体をつくるものが多い。

暖地ビート／35　sugar-beet. 夏播きビート。*Beta vulgaris* ssp. *Vulgaris*. アカザ科フダンソウ属の2年生草本。サトウダイコンともいう。

竹酢液／139　bamboo vinegar, bamboo pyroligneous liquor.

チッソ／71　nitrogen. 元素記号 N. アミノ酸などの生体物質に含まれて生物に必須な元素。植物が成長に必要とする三要素の一つ。

腸内常在菌／112　enteric bacteria, intestinal bacteria.

腸内細菌／112　enteric bacteria, intestinal bacteria. ヒトや動物の腸内に棲息する細菌類。善玉菌、悪玉菌、日和見菌に分けられる。善玉菌にはビフィズス菌、乳酸桿菌、悪玉菌にはウエルシュ菌、大腸菌 (有毒株)、ブドウ状球菌、日和見菌には大腸菌 (無毒株)、連鎖球菌などがある。

沈降タール／10, 77, 154　sedimented tar, settled tar. 製炭時の排煙を冷却・凝縮してえられる液体は静置すると3層に分かれる。その最下層の黒色粘ちょう性の液体を沈降タールという。静置して沈降するからこの名がつけられている。中間層の粗木酢液中に溶けているタール分もあるが、これは木酢液に溶けているので、溶解タールという。沈降タールには防腐作用がある。

低級脂肪酸／130　lower fatty acid. 脂肪酸のうち、炭素鎖が小さく、分子量の小さいもの。ギ酸、吉草酸、プロピオン酸、酪酸など。木酢液の成分として含まれるものが多い。

動物用忌避剤／153　repellent agent for animals. 害虫、害獣などを忌避する製品。唐辛子の成分カプサイシンで、イノシシ、シカ、サル、クマを忌避する製品などがある。木酢液は、ハエ、ナメクジ、ネコなどの忌避に効果がある。

土壌改良資材／152　soil conditioner. 土壌の物理的あるいは化学的性質を変えて改良する資材。農水省は (最終改正：2000 (平成12)年)、土壌改良資材の品質表示基準、種類を告示しており、その中で、木炭は土壌改良資材の一つとしてあげられている。農水省は、土壌改良資材として利用される木炭・木酢液について、放射性セシウムの暫定許容値 (400ベクレル/kg) を越えるものが利用されることのないよう、2011 (平成23) 年にプレスリリースしている。

土壌灌注／83　soil drench. 水や農薬の水溶液を土壌に撒布すること。木酢液は土壌灌注によって、作物の成長を促すだけでなく、土壌中の微生物や、根切り虫などの害虫やモグラなどを抑制する。

土壌散布／143　spraying on soil. 土壌に水や農薬などをまくこと。100～200倍程度に希釈した木酢液を、野菜種子などを播種する3日～1週間ほど前に散布すると、土壌中の有害菌や有害昆虫などが死滅し、作物の成長が促進される。

土壌消毒／26, 35　soil sterilization. 農作物を栽培する土壌や、林木の圃場などの土壌に生育する有害な土壌細菌などを消毒薬などで、殺菌、あるいは繁殖を抑制すること。木酢液・竹酢液には、立枯病菌や萎縮病菌などを殺菌、繁殖抑制する働きがある。

屠体成績／110

屠肉歩留／111

トリメチルアミン／122　trimethylamine. N,N-dimethylmethanamine に同じ。(CH₃)₃N. 強いアンモニア臭を有する。

ドロノキ／104　*Populus maxmowiczii* Henry. ヤナギ科ハコヤナギ属の落葉高木

豚糞堆肥／133　pig dung compost.

ナ

内部標準／144　internal standard. 例えば、木酢液などの成分分析をガスクロマトグラフなどでする際に、成分を定量するために前もって分析試料に加えておく一定量の単一物質。分析試料の成分とは異なる保持時間を持つものが使用される。木酢液の場合にはノナデカンがその条件を満たしている。

苗立枯細菌病／31
生鶏糞／128　fresh chicken droppings. ニワトリの糞で、窒素、リン酸含量が高いので、肥料としたり、堆肥を作るときに腐葉などの材料に混合して発酵を促し、また、堆肥の養分とする。
ナメクジ／99　slug. *Incilaria bilineata*. 軟体動物門腹足綱ナメクジ科。
ナメコ／55　*Pholiota microspora* (Berk.) Sacc. モエギタケ科スギタケ属。ブナなどの広葉樹に発生する木材腐朽菌。粘性のある茶褐色の傘を形成。おがくずによる人工栽培が食用として行われている。栽培品は傘が完全に開く前の形で売られていることが多い。
軟腐朽菌／46　soft rot fungi. この菌は、白色腐朽菌や褐色腐朽菌が生育し得ないような高含水率で、酸素が少ない木材に繁殖し、木材の表面を軟らかくするのでその名がある。子嚢菌、および不完全菌に属し、ケトミウムなどがある。
日本農林規格 (JAS)／152　Japanese Agricultural Standard.「農林物資の規格化及び品質表示の適正化に関する法律」にもとづく、品質保証の規格。
認証制度／159　cetification system.
認証マーク／159　mark for certification. 工業製品が規格に適合している場合などに製品に貼付される印など。木竹酢液の場合には木竹酢液認証協議会で認証された木竹酢液には認証マークのラベルが貼付される。

ネッカリッチ／113　nekkarich. 商品名。広葉樹樹皮を炭化し、粉末にしてこれに木酢液を添加した鶏用飼料。卵質が改善される。

ノシバ／61
野ネズミ／102　filed mouse, meadow mouse.

ハ

バーミキュライト／65　vermiculite. 雲母を主成分とする蛭石（ひるいし）を700℃以上の高温で焼結したもので、多孔質で透水性、保水性に優れている。園芸用に用いられる。昭和59年の農林水産省告示で、土壌改良資材として指定されている。
灰色カビ病菌／41, 42　gray mold (rot). 糸状菌・不完全菌類の *Botrytis cinerea* Persoon によって引き起こされる病気。植物は、風などで飛ばされてきた分生子によって感染する。キュウリ、イチゴ、トマトなどの作物、花き、果樹、樹木など、多くの植物が感染する。果実が感染すると、軟化し、灰色カビに被われ、後に枯れる。
排煙口温度／139, 149　temperature of outlet for smoke. 炭窯の焚き口の反対方向につけられる排煙の出口の温度。木酢液採取の温度の目安となる。木竹酢液認証協議会では、木酢液採取を排煙口温度80〜150℃と規定している。
胚軸／75　hypocotyl. 種子植物が発芽後の子葉と根との間の部分。ある特定物質の植物に対する成長促進・阻害作用を判定するときに、特定物質存在下で、種子を発芽させて、胚軸の長さを測定し、作用の強さを判定する。
ハエ／98　fly. ハエ目（双翅目）(Diptera)。ハエ目には原カ群、カ群、アブ群、ハエ群の4群がある。イエバエ (*Musca domestica* Linnaeus) ハエ群のイエバエ科の代表的な種である。
ハクサイ／74　Chinese cabbage. *Brassica campestris* var. *amplexicaulis*. アブラナ科の1〜2年生草本。種子は、木酢液成分など、ある特定物質の成長促進・阻害作用の強さの判定に用いられる。
白色腐朽菌／46　white rotting fungi. 木材腐朽菌の一つ。主にリグニンを分解する菌。リグニンが分解された後に残るセルロース、ヘミセルロースの白色に材を色を変色させることからその名がある。白色腐朽菌には、シイタケ、ナメコ、エノキタケ、マイタケ、ヒラタケなど、食用になるものが多い。
発芽・成長作用／73　germination/growth accerelation/inhibition effect. ある特定物質の植物に対する発芽・成長促進・阻害作用。作用の強さの判定に、ハツカダイコン、ハクサイ、レタスなどの発芽・成長の早い野菜類を通常は用いる。
発芽阻害作用／76　germination inhibition effect. 植物種子の発芽を抑制する作用。ある特定の物質の、植物の発芽成長に及ぼす強さを判断するのに、ハツカダイコン、レタスなどの野菜種子が使われることが多いが、木酢液成分にはフェノール類などの、これらの種子に対して発芽阻害作用を及ぼすものがある。
ハツカダイコン／73　radish. *Raphanus sativus* var. *sativus*. アブラナ科の1年生草本。ハツカダイコンの種子はハクサイの種子と同様、あ

る特定物質の植物に対する成長促進・阻害作用の判定の検定植物として用いられる。

発芽率／82　germination rate. 種子の発芽の割合。木酢液には、発芽・成長試験に用いられるハツカダイコンなどの野菜種子の発芽を促進させる成分が含まれている。

発病指数／32　attack index. 病原体が宿主に感染した時の、発病の度合いを数段階に分けて表示したもの。例えば、0：発病なし、1：子葉が黄化、2：苗全体が黄化、3：苗全体の萎チョウ、4：枯死、などで、それぞれの場合で、指数の分け方は任意である。発病指数は発病度の算出に使われる。

発病度／32　degree of disease. 程度別発病苗数に発病指数を乗じた数を調査苗数で除したものに100を乗じた数値。

繁殖抑制作用／56　breeding inhibition effect. 微生物や植物などの繁殖を抑える働き。木酢液には細菌、カビなどの繁殖を抑える働きがある。植物には他の植物の発芽・成長を阻害し、また、繁殖を抑えるアレロパシーのはたらきを持つものがある。

半数致死量／29, 147　median lethal dose. 物質の毒性を表す量で、半数が死に至る量。LD_{50}であらわす。

ハンノキ／104　Alnus japonica Steud. カバノキ科シラカンバ属の落葉高木。

反復経口毒性試験／147　peroral toxicity, oral toxicity. 試料、あるいは検体を、ラットやマウスに、一定期間（28日間、90日間など）、毎日反復投与した時に生体に現れる毒性を調べる試験。木酢液はホルムアルデヒド濃度が600ppmのものまでは発ガン性が無いことがこの試験で確認されている。600ppm以上でも安全である可能性もあるが、試験に供与した木酢液のホルムアルデヒド濃度が600ppmであったことに起因する。

PDA培地／56　PDA culture medium. 菌やカビを培養するのに用いる培地で、ジャガイモでんぷんとグルコース、寒天で構成される（PDA：ポテト・デキストロース・アガー）。

ヒノキ／73　Japanese cypress. Hinoki. Chamaecyparis obtusa Sieb et Zucc. ex Endl. ヒノキ科ヒノキ属の常緑針葉高木。

表面積／43　surface area. 物体の表面の面積の大きさ。単位質量当たりの表面積を比表面積という。比表面積の大きさは物質の吸着能力におおいに関係あり、比表面積の大きい物質は吸着能力が大きい。黒炭では300〜400cm^2/g、白炭では250〜300m^2/g, 活性炭では800m^2/g以上である。

ヒラタケ／50　Pleurotus ostreatus（Jacq. Fr.）P. Kumm. ヒラタケ科ヒラタケ属。広葉樹林に発生する木材腐朽菌。淡灰白色〜白色の子実体を重なり合って形成。菌床栽培で、食用としてシメジの名で売られている。

腐朽効果／46　decay effect. 腐朽菌が木材などを腐らせる程度の強さ。

ブロイラー／108　broiler. 短期間で肥育させた肉鶏の1種。broilerは、本来、あぶる器具、グリルの意味で、ニワトリを丸焼きのあぶり肉とするのでニワトリにもこの名がある。

分配法／12　partition method.

ヘミセルロース／14　hemicellulose. セルロース、リグニンとともに木材の主要三大成分の一つ。樹種によって差はあるが、15〜25％含まれている。ヘミセルロースはグルコース、キシロースなどの数種の単糖類が200個ほど結合した構造を持ち、セルロースの構成成分がグルコースのみで、直鎖状に結合しているのに対して、ヘミセルロースは、単糖類の結合が直鎖状でなく、枝分かれしていることである。炭化過程では、180℃付近で、主要三大成分のうちで最も低い温度で熱分解を始める。熱分解によって木酢液の多くの成分となる。

3,4-ベンゾピレン／138　3,4-benzopyrene. $C_{20}H_{12}$. ベンゾ（a）ピレン（benzo（a）pyrene）ともいう。皮膚ガンを起こす多環芳香族炭化水素。コールタールに含まれる。ベンゾピレンにはほかにも異性体が存在する。

ベントグラス・ペンクロス／61　Bentgrass pencross. ゴルフ場芝生として国内で最もよく使われている。イネ科コヌカグサ属 Agrostis の常緑多年草。

防腐効果／48　preservative effect. 木材腐朽菌などの微生物の繁殖を抑制し、腐れを防止する効果。木酢液は、抗菌・抗カビ作用があるので防腐効果を有する。特に、木酢液中のフェノール成分に強い防腐効果がある。

ホウレンソウ苗立枯病（菌）／30

保水力／110　water holding capacity, water

ホソハリカメムシ／96　*Riptortus clvatus* (Thunberg).

ホルムアルデヒド／140　formaldehyde. CH_2O. シックハウス症候群の原因となる物質。水溶液はホルマリンとして魚や昆虫などの標品の防腐・保存剤として用いられる。自動車の排ガス、ホルムアルデヒド系接着剤、化石燃料の燃焼、木材の燃焼などによって生成する。高濃度で発がん性を示す。シイタケ、タラなどの食品類にもホルムアルデヒドは含まれている。

マ

マイタケ／55　*Grifola frondosa* (Dicks.) Gray. タコウキン科マイタケ属。ミズナラなどの広葉樹林に発生する白色腐朽菌。灰褐色〜濃褐色の子実体を層状に数多く形成する。おがくずによる栽培種も食用としてあるが、野生種の香り、味が優れている。

マスキング／124　masking. 遮へいともいう。悪臭などを悪臭の性質を変えることなく、悪臭と異なるにおいを使用して悪臭を消臭すること。

マツタケ／50　*Tricholoma matsutake* (S. Ito & S. Imai) Singer. キシメジ科キシメジ属。菌根菌として主にアカマツと共生。マツ林以外にはコメツガ、トドマツなどの林にも発生する。秋に淡黄褐色の傘の子実体を形成。「香りマツタケ、味シメジ」といわれるように香りが珍重される。土瓶蒸しや炭火焼での香りは絶品。

マツヤニ／102　oleoresin. マツの幹にキズをつけると滲出する粘ちょう性の液体。揮発性のテレビンと不揮発性のロジンから成っている。放置すると揮発性のテレビンが揮発し、あとに白色系の固体のロジンが残る。琥珀はマツヤニが長期間にわたって圧力がかけれらて生じたものである。

水カビ類／34　water mold. ミズカビ目の真菌。水生環境や土壌に生息し、魚類に寄生し、水カビ病を起こすものもある。ミズカビ病は淡水魚、養殖魚、天然魚がかかる防きで白い斑点や環状のものが皮ふに生じ、皮ふの透過性が増大して死に至る。

ムース／105　*Alces alces.* moose. ヘラジカ。
ムギ萎縮病／37

3-メチルコールアンスレン／138　3-methylcholanthrene (= 20-methylcholanthrene). $C_{21}H_{16}$. 多環芳香族化合物。発ガン性がある。

メチルメルカプタン／122, 133　methylmer captan. メタンチオール (methanethiol) ともいう。CH_3SH. コールタール、石油蒸留物に含まれる悪臭成分。クラフトパルプ製造、魚腸骨処理場などから発散される悪臭防止法で指定されている悪臭物質。

メロン／79　melon. *Cucumis melo.* ウリ科の一年生草本。果実を食用にする。

木ガス／14　wood gas.

木材腐朽菌／46　wood rotting fungi. 木材を腐らせる担子菌類。木材を分解する微生物には担子菌類のほか、子嚢菌、不完全菌類、放線菌類、細菌類がある。なかでも最も腐朽力の強いのが木材腐朽菌である。木材腐朽菌の種類は数百種に及ぶ。代表的なものに、カワラタケ、オオウズラタケ、ナミダタケがある。木材腐朽菌には、主にリグニンを分解する白色腐朽菌、セルロースを分解する褐色腐朽菌の2種類がある。

木酢液／139　wood pyroligneous liquor.
木酢液のpH／11　pH of wood pyroligneous liquor.
木タール／10　wood tar.
木竹酢液認証協議会／11, 83, 146, 153　Council for cartification of pyroligneous liquor. 木竹酢液関係業界の日本木酢液協会、全国木炭協会、日本竹炭竹酢液生産者協議会、（社）全国燃料協会、日本炭窯木酢液協会、日本木炭新用途協議会の6団体によって2003年に設立された団体。木酢液を規格に則って認証する機能を持つ。

もみ殻燻炭／22　rice husk charcoal. 炭窯のような炭化炉を用いず、炭材を積み上げるなどして空気をあまり入れずに炭化して得られる炭を燻炭という。炭化温度は低く、高くても300〜400℃程度であり、燃料としての炭としては良質のものは望めない。もみ殻を土の上に山のように積み上げ、下部に火をつけ燃え上がるのを新たなもみ殻で被うことにより抑えながら、燻して作るのがもみ殻燻炭である。もみ殻燻炭は、ケイ素含有率が高い。

もみ酢液／22　rice husk pyroligneous liquor. 木酢液に比べて木タールなどの粘ちょう性物質

が少ないので扱いやすい。大腸菌などに対して抗菌作用があるので、細菌で汚染された水などの浄化に効果がある。

ヤ

ヤチダモ／104　*Fraxinus mandshurica* Rupr. モクセイ科トネリコ属の落葉高木。

ヤマトシロアリ／92　*Reticulitermes speratus* Colbe. シロアリ目（等翅目）ミゾガシラシロアリ科。湿った箇所を食害する。比較的寒さにも強く日本全土に生息。

ヤマハギ炭そ病菌／41, 42　炭そ病は不完全菌の*Colletotrichum graminicola*（Cesati）G. W. Wilsonによって引き起こされる植物の病気。葉に黒褐色〜黄褐色〜灰白色の斑点を作る。

ユーカリ／73　eucalypts. *Eucalyptus* spp. フトモモ科のオーストラリア原産の早生樹。640種存在すると言われている。現在は世界各国に街路樹、パルプ用材などとして植林されている。葉に精油を多く含む樹種があり、精油採取が行なわれている。精油採取樹種は、含まれる精油の種類によって、1,8-シネオールを主成分とするグループ、*α*-フェンランドレンを主成分とするグループ、シトロネロールを主成分とするグループに大きく分けられる。

有機農産物／152　organic agricultural products. 有機栽培によって生産された農産物。「有機農産物のJAS規格別資材の適合性判断基準及び手引き書」（平成23年度規格改正案対応版）によって示されている。その中で、木炭は「天然物質又は化学的処理を行っていない天然物質に由来する物であること」と定義されている範疇に入る。また、「その他の肥料及び土壌改良材」の項では、原材料が「天然物質又は化学的処理を行っていない天然物質に由来するもの（燃焼、焼成、溶融、乾留又はけん化することにより製造されたもの並びに化学的な方法によらずに製造されたものであって、組み換えDNA技術を用いて製造されていないものにかぎる。）」とあり、木酢液は、この項により有機農産物栽培に使用可能である。

溶解タール／10, 148　dissolved tar. 木酢液中に溶けているタール分。木酢液の下層に沈殿するタールが沈降タールと呼ばれるのに対して木酢液に溶けているので、その名がある。木酢液中の溶解タール含有率は低い方が木酢液

の品質はよく、通常は1％以下、高くても2〜3％程度である。セラミック製の時計皿に木酢液を入れて、加熱し、残渣として残る量を溶解タール含有率とする。

幼根／75　radicle. 種子植物が発芽後に胚軸の下にあって根となる部分。胚軸と同様、ある特定物質の植物に対する成長促進・阻害作用を判定するときに、その長さをはかり作用の強さを判定する。

葉面散布／83　leaf spray(ing). 葉面の病害虫を抑制するために、作物や園芸品などの葉面に農薬水溶液を散布しすること。木酢液の葉面散布液は300〜500倍程度に希釈したものが使用される。

ラ

ライシバ／61

酪酸／134　butyric acid. ブタン酸（butanoic acid）に同じ。$CH_3CH_2CH_2COOH$。バターなどの天然油脂中にグリセリンのエステルとして含まれる。

リグニン／14　lignin. 木材の主要三大成分の一つ。木材中にはおおよそ20〜35％含まれている。フェニルプロパンを基本単位としてこれらが複雑に重合したものである。フェニルプロパンの基本骨格はグアイアシルプロパン、シリンギルプロパン、4-ヒドロキシフェニルプロパンの3種に大きく分類できる。木材の場合、正常材では20〜30％であるが、あて材では40％近いものもある。リグニンの重量平均分子量は、針葉樹で、約20,000、広葉樹ではそれよりも低い。炭化過程では、280℃付近で熱分解をはじめ、その熱分解範囲は280〜550℃である。木酢液中のフェノール類はリグニンの分解生成物が多い。

リステリア・モノサイトゲネス／116　*Listeria monocytogenes*

リステリア菌／117　グラム陽性桿菌。食中毒を起こす。

硫化水素／122　hydrogen sulfide. 温泉、火山ガスのにおい。動物、植物のたんぱく質の腐敗でも発生する。認知閾値は極めて低く、極低濃度で感知できる。中枢神経系、心臓血管系、呼吸器系障害を起こす。

リンゴ絞りかす／39　apple lee. リンゴを搾汁し、ジュースを生産する際に排出する絞りかす。炭化による酢液の利用、ウッドセラミックス

製造への利用などが考えられている。

リン酸／71　phosphoric acid. H_3PO_4. リン酸は植物にとって必要な養分であり、肥料の三要素の一つ。リン酸肥料は過リン酸石灰などである。

リン酸三カルシウム／86　calcium phosphate. 第三リン酸カルシウム（calcium tertiary phosphate）に同じ。二リン酸三カルシウムまたはリン酸石灰とも呼ばれる。$Ca_3(PO_4)_2$。水には不溶、酸には可溶。肥料、医薬、陶磁器のうわぐすり、乳白色ガラス製造原料などに使われる。

レジオネラ菌／33　Legionella pneumophila. レジオネラ科。グラム陰性の無胞子細菌。湿った土、水面、家庭用水などの水環境に生息し、ヒトに対する病原性を有する。レジオネラ症はレジオネラ毒の細菌によるヒトの病気。この菌に汚染されたエアロゾルを吸入することで肺炎を引き起こす。

ろ過法／11　filter method. 木酢液を、ろ過して精製する方法。ろ過材として、木酢液中の浮遊物を取り除くのには、ろ紙が最もよく用いられ、製炭現場ではシュロなどが用いられていたこともある。ろ過材をカラムなどに詰め、木酢液を通過させることによるろ過法もある。ろ材に活性炭、木炭、セルロース粉末、セライトなどが用いられる。ろ材を用いる場合には木酢液中の有用成分も吸着される可能性があることも考慮する必要がある。

ロジン／102　rosin. 生松脂の成分の一つ。マツの幹を切りつけて滲出する樹液が生松脂（pine oleoresin）であり、生松脂は揮発性のテレビン（turpentine）と不揮発性のロジン（rosin）から成っている。工業的には生松脂の蒸留によって得られるものをガムロジン、材や切り株の水蒸気蒸留あるいは溶剤抽出によって得られるものをウッドロジン、クラフトパルプ製造の際に得られるものをトールロジンという。いずれの場合も主な成分はアビエチン酸を主な成分とするジテルペン類である。ロジンの用途は紙サイズ剤、合成ゴム乳化剤、印刷インキ、塗料、接着剤などである。

ワ

ワクチン／113　vaccine. ヒトまたは動物に注射、あるいは経口投与によって、生体に免疫を作らせるもの。ポリオ生ワクチン、黄熱生ワクチン、インフルエンザワクチン、日本脳炎ワクチンなどがある。ワクチンが免疫を発揮する継続期間はそれぞれに異なる。

プロフィール
谷田貝　光克 （YATAGAI Mitsuyoshi）

東京大学名誉教授、秋田県立大学名誉教授
　現在：香りの図書館館長、（NPO）農学生命科学研究支援機構理事長、
　　　　日本木酢液協会会長、炭やきの会会長

略　　歴

1966年東北大学理学部化学科卒、1971年 同 理学研究科博士課程修了（理学博士）。米国バージニア州立大学化学科博士研究員(1972)、メイン州立大学化学科博士研究員(1974)、農林省林業試験場林産化学部研究員(1976)、炭化研究室長(1985)。農水省森林総合研究所生物機能開発部生物活性物質研究室長1988)、森林化学科長(1992)を経て、東京大学大学院農学生命科学研究科教授(1999)。秋田県立大学木材高度加工研究所教授(2006)、同　研究所所長・教授(2007)。2011年より現職。

著　　書

文化を育んできた木の香り(単著、フレグランスジャーナル社、2011)、炭・木酢液の用語事典(編著、創森社、2007)、森と一緒に生きてみる(単著、中経出版、2006)、植物抽出成分の特性とその利用(単著、八十一出版、2006)、フィトンチッドってなに？(単著、第一プラニングセンター、2005)、香りの百科事典(編著、丸善、2005)、香りと環境(共著、フレグランスジャーナル社、2003)、よい煙わるい煙を科学する(単著、中経出版、2002)、木のふしぎな力(単著、文研出版、1996)、森林の不思議(単著、現代書林、1995)、もくざいと科学(共著、海青社、1989)など。

Handbook of Mokusaku- and Chikusaku- liquors
Science of their characteristics and utilization

もくちくさくえきはんどぶっく
木竹酢液ハンドブック
特性と利用の科学

発　行　日	2013年6月5日　初版第1刷
定　　価	カバーに表示してあります
編　　者	谷田貝　光克
発　行　者	宮　内　　　久

海青社　Kaiseisha Press
〒520-0112　大津市日吉台2丁目16-4
Tel. (077) 577-2677　Fax (077) 577-2688
http://www.kaiseisha-press.ne.jp
郵便振替　01090-1-17991

● © 2013 M. Yatagai　● ISBN978-4-86099-284-2 C3561　● Printed in JAPAN
● 乱丁落丁はお取り替えいたします

本書のコピー、スキャン、デジタル化等の無断複製は著作権法上での例外を除き禁じられています。本書を代行業者等の第三者に依頼してスキャンやデジタル化することはたとえ個人や家庭内の利用でも著作権法違反です。

◆ 海青社の本・好評発売中 ◆

木材加工用語辞典
日本木材学会機械加工研究会 編

木材の切削加工に関する分野の用語はもとより、関係の研究者が扱ってきた当該分野に関連する木質材料・機械・建築・計測・生産・安全などの一般的な用語も収集し、4,700超の用語とその定義を収録。英語索引50頁付。
〔ISBN978-4-906165-229-3/A5判/326頁/定価3,360円〕

木材科学略語辞典
日本材料学会木質材料部門委員会 編

科学技術の急激な進歩、そして情報化・国際化の進展に伴い、多くの略語が出現している。本書は木材に関連する略語約4,000語を収録し、実用性に重点を置いた簡単な解説をつけた。日本語索引付。
〔ISBN978-4-906165-41-4/B6判/360頁/定価3,773円〕

木力検定 ①木を学ぶ100問 ②もっと木を学ぶ100問
井上雅文・東原貴志 編著

木を使うことが環境を守る? 木は呼吸するってどういうこと? 鉄に比べて木は弱そう、大丈夫かなあ? 本書はそのような素朴な疑問について、楽しく問題を解きながら木の正しい知識を学べる100問を厳選して掲載。
〔四六判/各巻定価1,000円〕

カラー版 日本有用樹木誌
伊東隆夫・佐野雄三・安部久・内海泰弘・山口和穂 著

"適材適所"を見て読んで楽しめる樹木誌。古来より受け継がれるわが国の「木の文化」を語るうえで欠かすことのできない約100種の樹木について、その生態および性質とその用途をカラー写真とともに紹介。
〔ISBN978-4-906099-248-4/A5判/238頁/定価3,500円〕

木材のクールな使い方 COOL WOOD JAPAN (和文)
日本木材青壮年団体連合会 編

日本木青連が贈る消費者の目線にたった住宅や建築物に関する木材利用の事例集。おしゃれ感、趣があり、やすらぎを感じる「木づかい」の数々をカラーで紹介。木材の見える感性豊かな暮らしを提案。
〔ISBN978-4-86099-281-1/A4判/99頁/定価2,500円〕

桐で創る低炭素社会
黒岩陽一郎 著

早生樹「桐」が、家具・工芸品としての用途だけでなく、防火扉や壁材といった住宅建材として利用されることにより、荒れ放題の日本の森林・林業が救われ、さらには低炭素社会を創り出すと確信する著者が、期待を込め熱く語る。
〔ISBN978-4-86099-235-4/B5判/100頁/定価2,500円〕

木材接着の科学
作野友康・高谷政広・梅村研二・藤井一郎 編

木材と接着剤の種類や特性から、木材接着のメカニズム、接着性能評価、LVL・合板といった木質材料の製造方法、施工方法、VOC放散基準などの環境・健康問題、廃材処理・再資源化まで、産官学の各界で活躍中の専門家が解説。
〔ISBN978-4-86099-206-4/A5判/211頁/定価2,520円〕

改訂版 木材の塗装
木材塗装研究会 編

日本を代表する木材塗装の研究会による、基礎から応用・実務までを解説した書。会では毎年6月に入門講座、11月にゼミナールを企画、開催している。政令や建築工事標準仕様書等の改定に関する部分について書き改めた。
〔ISBN978-4-86099-268-2/A5判/297頁/定価3,675円〕

木材科学講座(全12巻) □は既刊

1 概論	定価 1,953 円 ISBN978-906165-59-9	7 乾燥 (続刊)
2 組織と材質 第2版	定価 1,937 円 ISBN978-86099-279-8	8 木質資源材料 改訂増補 — 定価 1,995 円 ISBN978-906165-80-3
3 物理 第2版	定価 1,937 円 ISBN978-906165-43-8	9 木質構造 — 定価 2,400 円 ISBN978-906165-71-1
4 化学	定価 1,835 円 ISBN978-906165-44-5	10 バイオマス (続刊)
5 環境 第2版	定価 1,835 円 ISBN978-906165-89-6	11 バイオテクノロジー — 定価 1,995 円 ISBN978-906165-69-8
6 切削加工 第2版	定価 1,932 円 ISBN978-86099-228-6	12 保存・耐久性 — 定価 1,953 円 ISBN978-906165-67-4

＊表示価格は5％の消費税を含んでいます。

◆ 海青社の本・好評発売中 ◆

シロアリの事典
吉村　剛 他8名共編

日本のシロアリ研究における最新の成果を紹介。野外での調査方法から、生理・生態に関する最新の知見、建物の防除対策、セルラーゼの産業利用、食料としての利用、教育教材としての利用など、多岐にわたる項目を掲載。
〔ISBN978-4-86099-260-6/A5判/472頁/定価4,410円〕

住まいとシロアリ
今村祐嗣・角田邦夫・吉村　剛 編

シロアリという生物についての知識と、住まいの被害防除の現状と将来についての理解を深める格好の図書であることを確信し、広範囲の方々に本書を推薦します。(「本書を推薦する」より、高橋旨象/京都大学名誉教授)
〔ISBN978-4-906165-84-1/四六判/174頁/定価1,554円〕

早生樹　産業植林とその利用
岩崎　誠 他5名共編

アカシアやユーカリなど近年東南アジアなどで活発に植栽されている早生樹について、その木材生産から、材質、さらにはパルプ、エネルギー、建材利用など加工・製品化に至るまで、技術的な視点から論述。
〔ISBN978-4-86099-267-5/A5判/259頁/定価3,570円〕

木の考古学　出土木製品用材データベース
伊東隆夫・山田昌久 編

日本各地で刊行された遺跡調査報告書約4500件から、木製品樹種同定データ約22万件を抽出し集積した世界最大級の用材DB。各地の用材傾向の論考、研究史、樹種同定・保存処理に関する概説等も収録。CDには専用検索ソフト付。
〔ISBN978-4-86099-911-7/B5判/449頁/定価11,550円〕

木材乾燥のすべて　改訂増補版
寺澤　眞 著

「人工乾燥」は、今や木材加工工程の中で、欠くことのできない基礎技術である。本書は、図267、表243、写真62、315樹種の乾燥スケジュールという圧倒的ともいえる豊富な資料で「木材乾燥技術のすべて」を詳述。増補19頁。
〔ISBN978-4-86099-210-1/A5判/737頁/定価9,990円〕

広葉樹資源の管理と活用
鳥取大学広葉樹研究刊行会 編

地球温暖化問題が顕在化した今日、森林のもつ公益的機能への期待は年々大きくなっている。鳥取大広葉樹研究会の研究成果を中心に、地域から地球レベルで環境・資源問題を考察し、適切な森林の保全・管理・活用について論述。
〔ISBN978-4-86099-258-3/A5判/242頁/定価2,940円〕

森への働きかけ　森林美学の新体系構築に向けて
湊　克之 他5名共編

森林の総合利用と保全を実践してきた森林工学・森林利用学・林業工学の役割を踏まえながら、生態系サービスの高度利用のための森づくりをめざして、生物保全学・環境倫理学の視点を加味した新たな森林利用学のあり方を展望する。
〔ISBN978-4-86099-236-1/A5判/381頁/定価3,200円〕

森をとりもどすために②　林木の育種
林　隆久 編

交配による育種から遺伝子組換え法までの林木育種技術を紹介。遺伝子組換えを不安な技術であると考えられることが多いが、交配による育種の延長線上にその技術はある。「地球救済のための樹木育種」への道を探る。
〔ISBN978-4-86099-264-4/四六判/171頁/定価1,380円〕

森をとりもどすために
林　隆久 編

森林の再生には、植物の生態や自然環境にかかわる様々な研究分野の知を構造化・組織化する作業が要求される。新たな知の融合の形としての生存基盤科学の構築を目指す京都大学生存基盤科学研究ユニットによる取り組みを紹介する。
〔ISBN978-4-86099-245-3/四六判/102頁/定価1,100円〕

広葉樹の育成と利用
鳥取大学広葉樹研究刊行会 編

戦後におけるわが国の林業は、あまりにも針葉樹一辺倒であり過ぎたのではないか。全国森林面積の約半分を占める広葉樹林の多面的機能(風致、鳥獣保護、水土保全、環境)を総合的かつ高度に利用することが強く要請されている。
〔ISBN978-4-906165-58-2/A5判/206頁/定価2,835円〕

私の樹木学習ノート
鈴木正治 著

スギ・ヒノキ・アカマツ・カラマツ・ブナなどの林の調査と研究、併せて林に生息する動物、これまで林(森林)から貢献を受けたこと、これからの問題を記述した。著者は小社「木材科学講座8　木質資源材料」の編者。
〔ISBN978-4-86099-211-8/A5判/99頁/定価1,470円〕

＊表示価格は5％の消費税を含んでいます。

◆ 海青社の本・好評発売中 ◆

すばらしい木の世界
日本木材学会 編

グラフィカルにカラフルに、木材と地球環境との関わりや木材の最新技術や研究成果を紹介。第一線の研究者が、環境・文化・科学・建築・健康・暮らしなど木についてあらゆる角度から見やすく、わかりやすく解説。待望の再版!!
〔ISBN978-4-906165-55-1/A4判/104頁/定価2,625円〕

大学の棟梁 木工から木育への道
山下晃功 著

木工を通じた教育活動として国民的な運動となりつつある「木育」。長年にわたり、教育現場で「木育」を実践し、その普及に尽力してきた著者の半生を振り返るとともに、「木育」の未来についても展望する。
〔ISBN978-4-86099-269-9/四六判/198頁/定価1,680円〕

木育のすすめ
山下晃功・原 知子 著

「木育」は、林野庁の「木づかい運動」、新事業「木育」、また日本木材学会円卓会議の「木づかいのススメ」の提言のように国民運動として大きく広がっている。さまざまなシーンで「木育」を実践する著者が知見と展望を語る。
〔ISBN978-4-86099-238-5/四六判/142頁/定価1,380円〕

ものづくり木のおもしろ実験
作野友康 他3名共編

木のものづくりと科学をイラストでわかりやすく解説。手軽な実習・実験で楽しみながら木工の技や木の性質について学び、循環型社会の構築に欠くことのできない資源でもある「木」を体験的に理解しよう。木工体験施設も紹介。
〔ISBN978-4-86099-205-7/A5判/107頁/定価1,470円〕

木の魅力
阿部 勲・大橋英雄・作野友康 著

人は木とのどのように関わってきたか、また、今後の関係はどう変化するのか。長年、木と向き合ってきた3人の専門家が、心や体との関わり、樹木の生態、環境問題、資源利用などについて綴るエッセー集。
〔ISBN978-4-86099-220-0/四六判/253頁/定価1,890円〕

広葉樹の文化 雑木林は宝の山である
広葉樹文化協会 編

里山の雑木林は弥生以来、農耕と共生し日本の美しい四季の変化を維持してきたが、現代社会の劇的な変化によってその共生を解かれ放置状態にある。今こそ衆知を集めてその共生の「かたち」を創生しなければならない時である。
〔ISBN978-4-86099-257-6/四六判/240頁/定価1,890円〕

木の文化と科学
伊東隆夫 編

遺跡、仏像彫刻、古建築といった「木の文化」に関わる三つの主要なテーマについて、研究者・伝統工芸士・仏師・棟梁など木に関わる専門家による同名のシンポジウムを基に最近の話題を含めて網羅的に編纂した。
〔ISBN978-4-86099-225-5/四六判/218頁/定価1,890円〕

樹体の解剖
深澤和三 著

樹の体のしくみは動物のそれよりも単純だが、数千年の樹齢や百数十メートルの高さ、木製品としての多面性など、少し考えるだけで樹木には様々な不思議がある。樹の細胞・組織などのミクロな構造から樹の進化や複雑な機能を解明。
〔ISBN978-4-906165-66-7/四六判/199頁/定価1,600円〕

木を学ぶ木に学ぶ
佐道 健 著

木の復権が叫ばれ木材への見直しがなされる一方、木材学も発展し、新しい材料の開発も進んでいる。木材を他の材料と比較し、木材を生み出す樹木、材料としての特徴、人の心との関わりなどについて分かりやすく解説した。
〔ISBN978-4-906165-33-9/B6判/133頁/定価1,326円〕

この木なんの木
佐伯 浩 著

生活する人と樹とのつながりを鮮やかな口絵と詳細な解説で紹介。住まいの内装や家具など生活の中で接する木、公園や近郊の身近な樹から約110種を選び、その科学的認識と特徴を明らかにする。木を知るためのハンドブック。
〔ISBN978-4-906165-51-3/四六判/132頁/定価1,632円〕

キノコ学への誘い
大賀祥治 編

魅力的で不思議がいっぱいのキノコワールドへの招待。さまざまなキノコの生態・形態・栽培法・効能など、最新の研究成果を豊富な写真と図版で紹介する。キノコの楽しい健康食レシピも掲載。
〔ISBN978-4-86099-207-1/四六判/190頁/定価1,680円〕

＊表示価格は5％の消費税を含んでいます。